全国主推高效水产养殖技术丛书

全国水产技术推广总站　组编

鲑鳟高效养殖致富技术与实例

杨华莲　徐绍刚　殷守仁　主编

U0395209

中国农业出版社

图书在版编目（CIP）数据

鲑鳟高效养殖致富技术与实例/杨华莲，徐绍刚，
殷守仁主编．—北京：中国农业出版社，2015.11（2017.8重印）
（全国主推高效水产养殖技术丛书）
ISBN 978-7-109-21121-6

Ⅰ.①鲑… Ⅱ.①杨…②徐…③殷… Ⅲ.①鲑科－
鱼类养殖 Ⅳ.①S965.232

中国版本图书馆CIP数据核字（2015）第268613号

中国农业出版社出版
（北京市朝阳区麦子店街18号楼）
（邮政编码100125）
责任编辑　郑　珂

中国农业出版社印刷厂印刷　新华书店北京发行所发行
2016年5月第1版　2017年8月北京第2次印刷

开本：880mm×1230mm 1/32　印张：3.5　插页：4
字数：85千字
定价：28.00元
（凡本版图书出现印刷、装订错误，请向出版社发行部调换）

丛书编委会

本书编委会

主　编　杨华莲　北京市水产技术推广站

　　　　徐绍刚　北京市水产科学研究所

　　　　殷守仁　北京市水产技术推广站

副主编　徐立蒲　北京市水产技术推广站

　　　　陈春山　北京市水生野生动植物救护中心

编　委　杨华莲　北京市水产技术推广站

　　　　徐绍刚　北京市水产科学研究所

　　　　殷守仁　北京市水产技术推广站

　　　　徐立蒲　北京市水产技术推广站

　　　　陈春山　北京市水生野生动植物救护中心

　　　　王小亮　北京市水产技术推广站

　　　　付海利　北京泉通鲑鳟鱼养殖有限公司延庆

　　　　　　　　玉渡山冷水鱼实验基地

　　　　余　波　北京卧佛山庄养殖有限公司

　　　　白宝海　北京卧佛山庄养殖有限公司

　　　　孙文静　甘肃省渔业技术推广总站

　　　　刘　旺　甘肃省天水市秦州区渔业工作站

　　　　徐晓玲　北京市水产技术推广站

　　　　孙　洋　北京市水产技术推广站

丛 书 序

　　我国经济社会发展进入新的阶段，农业发展的内外环境正在发生深刻变化，加快建设现代农业的要求更为迫切。《中华人民共和国国民经济和社会发展第十三个五年规划纲要》指出，农业是全面建成小康社会和实现现代化的基础，必须加快转变农业发展方式。

　　渔业是我国现代农业的重要组成部分。近年来，渔业经济较快发展，渔民持续增收，为保障我国"粮食安全"、繁荣农村经济社会发展做出重要贡献。但受传统发展方式影响，我国渔业尤其是水产养殖业的发展也面临严峻挑战。因此，我们必须主动适应新常态，大力推进水产养殖业转变发展方式、调整养殖结构，注重科技创新，实现转型升级，走产出高效、产品安全、资源节约、环境友好的现代渔业发展道路。

　　科技创新对实现渔业发展转方式、调结构具有重要支撑作用。优秀渔业科技图书的出版可促进新技术、新成果的快速转化，为我国现代渔业建设提供智力支持。因此，为加快推进我国现代渔业建设进程，落实国家"科技兴渔"的大政方针，推广普及水产养殖先进技术成果，更好地服务于我国的水产事业，在农业部渔业渔政管理局的指导和支持下，全国水产技术推广总站、中国农业出版社等单位基于自身历史使命和社会责任，经过认真调研，组建了由院士领衔的高水平编委会，邀请全国水产技术推广系统的科技人员编写了这套《全国主推高效水产养殖技术丛书》。

　　这套丛书基本涵盖了当前国家水产养殖主导品种和主推

技术，着重介绍节水减排、集约高效、种养结合、立体生态等标准化健康养殖技术、模式。其中，淡水系列14册，海水系列8册，丛书具有以下四大特色：

技术先进，权威性强。丛书着重介绍国家主推的高效、先进水产养殖技术，并请院士专家对内容把关，确保内容科学权威。

图文并茂，实用性强。丛书作者均为一线科技推广人员，实践经验丰富，真正做到了"把书写在池塘里、大海上"，并辅以大量原创图片，确保图书通俗实用。

以案说法，适用面广。丛书在介绍共性知识的同时，精选了各养殖品种在全国各地的成功案例，可满足不同地区养殖人员的差异化需求。

产销兼顾，致富为本。丛书不但介绍了先进养殖技术，更重要的是总结了全国各地的营销经验，为养殖业者更好地实现科学养殖和经营致富提供了借鉴。

希望这套丛书的出版能为提高渔民科学文化素质，加快渔业科技成果向现实生产力的转变，改善渔民民生发挥积极作用；为加强渔业资源养护和生态环境保护起到促进作用；为进一步加快转变渔业发展方式，调整优化产业结构，推动渔业转型升级，促进经济社会发展做出应有贡献。

本套丛书可供全国水产养殖业者参考，也可作为国家精准扶贫职业教育培训和基层水产技术推广人员培训的教材。

谨此，对本套丛书的顺利出版表示衷心的祝贺！

农业部副部长　

前　言

　　鲑鳟属于冷水性鱼类，生存的水温范围为 0～20℃（个别种类驯化后可达到 22℃），无明显的生长下限温度，生长最适温度为 12～18℃，以分布于北半球的海水、淡水水域的鲑科鱼类为主体。

　　我国的虹鳟养殖始于 1959 年；1963 年人工繁殖首次获得成功。1966 年后，各地的虹鳟养殖试验全部中断，直到 20 世纪 80 年代，该产业才得到发展。至 90 年代，虹鳟养殖业得到迅速发展，各地建成了虹鳟养殖场 400 余个，分布于北京、黑龙江、吉林、宁夏、甘肃、贵州、云南、广东、河南等 23 个省份，年生产虹鳟 3 000 余吨。2000 年以后，我国的冷水鱼养殖业得到快速发展，除虹鳟外，从国外引进了金鳟、硬头鳟、溪红点鲑、银鲑、白点鲑、北极红点鲑等养殖品种，养殖方式也逐渐多样化，有流水、工厂化和网箱等养殖方式。

　　随着鲑鳟养殖业的迅猛发展，涌现出一批技术力量较强的单位或企业，如北京市水产研究所玉渡山冷水鱼繁育基地、北京顺通虹鳟养殖中心、北京卧佛山庄养殖有限公司等。从 20 世纪 90 年代末到 2000 年，北京市的鲑鳟苗种繁育总量占到全国的 50％以上，引领了国内先进技术发展。同时，冷水鱼的养殖业带动了其游钓业、餐饮业、加工业发展，形成了经济效益更高的休闲渔业。比如，北京市怀柔区的虹鳟休闲渔业，已经成为怀柔区农业的四大支柱产业之一。

在产业发展的同时，也出现了亲鱼种质退化、养殖效益降低、环境污染、鱼类病害等问题。同时，随着人类对环境和自身健康保护意识的增强，对水产品质量的要求也越来越高。加之我国又是一个水资源缺乏的国家，因此必须从节水、生态、高效渔业的方向考虑。出于保护环境的考虑，要改变不需进行水质处理的流水养殖方式，要求每个养殖场必须对养殖废水进行无害处理才能排放。综合以上原因，如何健康、可持续地发展鲑鳟产业已经是目前较为迫切的工作。

以北京为例，2012 年，按照国家现代农业产业技术体系建设基本要求和北京市都市型现代渔业发展重点需求，成立了农业产业技术体系北京市鲟鱼、鲑鳟鱼创新团队，该团队是整合首都渔业科技资源、凝聚各方渔业科技力量、促进都市型现代渔业发展的一个重要平台，设立了包括育种与繁育、饲料与安全、养殖与病害防控、食品加工流通与产业经济 4 个功能研究室，聚集了多个领域的 12 位岗位专家，研究领域涵盖鲑鳟的全产业链。经过 4 年多的实施，取得了良好的成绩。

本书内容主要是根据北京市鲟鱼、鲑鳟鱼创新团队的阶段性研究成果和推广实践总结而成，并由该团队资助出版。全书共分为 6 章，主要从鲑鳟的养殖发展阶段和市场前景、生物学特性、人工繁殖技术、高效生态养殖技术、病害防治技术等方面进行了介绍，同时列出北京、甘肃等全国主要鲑鳟产区的养殖实例，并在书后配套大量的图片，以帮助读者更好地理解和使用本书。

　　本书第一章、第二章由杨华莲编写，第三章、第四章由徐绍刚、陈春山编写，第五章由徐立蒲、王小亮编写，第六章由付海利、余波、白宝海、刘旺、孙文静编写。全书由北京市鲟鱼、鲑鳟鱼创新团队首席办公室杨华莲、徐晓玲、孙洋统稿和校对，由北京市鲟鱼、鲑鳟鱼创新团队首席专家、北京市水产技术推广站研究员殷守仁审读。

　　在本书编写过程中，编者参考了大量的国内文献，走访了部分养殖企业，在数据分析过程中得到了很大帮助和启发，也使本书的内容适用范围更加广泛。诚挚感谢各试验点和养殖企业提供的真实、可靠的数据，使得该书内容更加丰富，编写更顺利。

　　本书主要面向基层技术人员和养殖户，写法上通俗易懂，内容上丰富充实，生产上实用方便。希望能为广大鲑鳟养殖业者提供有益的指导和借鉴。

编　者

2016 年 1 月

目 录

1

第一章 鲑鳟养殖发展阶段和市场前景

第一节 鲑鳟养殖生产发展历程

鲑鳟属冷水性鱼类，其生存的水温范围为0～20℃（个别种类驯化后可达到22℃），无明显的生长下限温度，生长最适温度为12～18℃，以分布于北半球的海水、淡水水域的鲑科鱼类为主体。

一、人工增养殖阶段

我国虹鳟养殖始于1959年，1963年人工繁殖首次获得成功。1966年后，各地的虹鳟养殖试验全部中断，直到80年代，该产业才得到发展，中国水产科学研究院黑龙江水产研究所将原渤海虹鳟试验场扩建成国内第一个综合性的冷水鱼试验站。同时，国内各水产院校、水产研究所，对虹鳟和其他鲑科鱼类的生物学、饲料营养、鱼病病理、遗传育种、养殖技术及生物工程技术等应用研究和基础研究做了许多工作，虹鳟苗种繁育和流水养殖高产技术、虹鳟全雌鱼育成技术等技术在国内虹鳟养殖场开始推广应用。

二、快速发展阶段

20世纪90年代，虹鳟养殖业得到迅速发展，各地建成虹鳟养殖场400余个，分布于宁夏、甘肃、西藏、贵州、云南、广东、河南等23个省份，年生产虹鳟3 000余吨。规模较大的有25个，主要有黑龙江省宁安县钻心湖虹鳟渔场、辽宁省本溪市虹鳟种场、山东省泗水县虹鳟良种场、北京市密云水库虹鳟养殖场、北京市怀柔县慕田峪虹鳟养殖场等。

2000 年以后，鲑鳟养殖业得到快速发展，养殖品种除虹鳟外，还从国外引进了金鳟、硬头鳟、溪红点鲑、银鲑、白点鲑、北极红点鲑等。鲑鳟养殖业与其游钓业、餐饮业逐渐结合，迅速发展。比如，北京市怀柔区的虹鳟休闲渔业，已经成为怀柔区的农业四大支柱产业之一。

三、高效生态养殖阶段

随着人类对环境保护力度和自身健康意识的日益增强，对水产品质量的要求也越来越高，因此，对养殖良种选择、饲料和营养、疾病防治以及养殖环境管理等方面提出了更高的要求。节水、生态、高效成为鲑鳟渔业的发展方向，从不需进行水质处理的流水养殖方式变为要求每个养殖场必须对养殖废水经过无害处理才能排放的生态模式。工厂化循环水养殖技术也日益成熟，养殖产量从 40 千克/米^{3}提高到了 100 千克/米^3。

第二节　鲑鳟养殖现状和市场前景

我国的冷水资源主要有涌泉水、山区河水、水库底排水、井水、雪山水及高原湖水等类型。北方是冷水鱼养殖的发祥地，现在已向南扩展至云贵高原、四川盆地和广东、广西、江苏、浙江一带，向西扩展至青藏高原、新疆、甘肃等地。从水温状况看，鲑鳟养殖大体可分为两个区域：一是年平均水温偏低，在 8℃左右，春季、夏季、秋季水温在 10～14℃的北方地区，包括黑龙江、吉林、新疆、西藏、山西、陕西、内蒙古等，需 500～700 天的养殖期才可以达到 500 克/尾以上的食用鱼规格。这些地方适合进行鲑鳟亲鱼培育和苗种生产，也可以进行食用鱼的养殖。二是平均水温在 16～20℃的山东和长江流域以及南方水温偏高的地区，经 300～400 天的养殖期，即可达到食用鱼的规格。在水温偏高的地方，亲鱼虽能采卵繁殖，但效果不好，因此，适于从事食用鱼的生产。

一、我国鲑鳟养殖产业现状

1. 养殖现状

我国目前养殖的鲑鳟种类主要包括：虹鳟、金鳟、哲罗鲑、白斑红点鲑、花羔红点鲑、硬头鳟和白鲑类等。养殖区域分布在黑龙江、吉林、辽宁、甘肃、四川、贵州、云南、河南、安徽、广东、青海、西藏等 23 个省份。2012 年全国鲑养殖产量为 2 560 吨，鳟养殖产量 25 901 吨。我国虽然是水产养殖大国，但鲑鳟养殖产量却不及世界总产量的 1%。

2. 生产布局

目前，全国鲑鳟发眼卵的年生产量为 3 000 多万粒，其中黑龙江、辽宁、北京、河北、山西、甘肃是虹鳟发眼卵的主要供应区，占国内生产量的 90% 以上；商品鱼生产方面，山东、甘肃、辽宁、黑龙江、云南、山西占国内产量的 90% 以上。黑龙江、辽宁、北京、山西、甘肃既是发眼卵的提供地，也是商品鱼的产区。由于黄河以南地区最低温度偏高，这些地区养殖的鲑鳟不能达到生理成熟。

3. 主要生产方式

（1）**流水或微流水养殖**　流水或微流水养殖是我国鲑鳟最主要的生产方式，占养殖总量的 80% 以上，水源为冷泉、山涧溪流、河水或水库底排水。

（2）**网箱养殖**　网箱养殖主要集中在甘肃、青海等地的高原水库。近年来，甘肃刘家峡水库的网箱养殖面积达到 1.6 万米^2，年产虹鳟 130 吨。辽宁省本溪市水产技术推广站和中国水产科学研究院黑龙江水产研究所分别在大连和北戴河进行过海水网箱养鳟试验，目前尚无规模生产。

（3）**放牧式养殖**　放牧式养殖一般是指在相对封闭的大、中型水体中，定量投放在该水体不能自然繁殖的外来经济鱼类，不需投喂、定期收获的方式。我国鲑鳟的放牧式养殖主要在新疆和黑龙江地区。

4. 经济效益

我国鲑鳟产品主要以鲜活鱼上市，占总产量的 80% 以上，产品规格多在 0.75 千克/尾，销售价格在 20～50 元/千克。深加工产品仅占产量的 20%，目前，全国冷水鱼加工量每年为 1 200 吨左右，主要形式有冷熏、热熏、腌渍等。

二、存在的主要问题

1. 缺乏优良养殖品种

由于品种选育严重滞后，传统养殖品种在进行人工繁殖时不重视血缘关系，近亲繁殖造成生产性能严重下降，主要体现为鲑鳟体色变浅、肉质下降、饲料利用率低下、性成熟年龄提前、病害严重等，制约了产业的发展。

2. 集约化养殖导致鱼病流行

由于采用集约化养殖方式，养殖密度较大，各种鱼病容易相互传染，出现流行现象。目前，危害最严重的有病毒病、细菌和真菌病、寄生虫病几大类。特别是近年频发的传染性胰脏坏死病、传染性造血器官坏死病，传染性强，造成严重的经济损失，目前尚无根治的办法。

3. 土著鲑鳟种质资源保护和开发利用滞后

由于自然资源的过度利用和环境变迁以及对国产鲑鳟的研究起步较晚，一些土著种类（如马苏大麻哈鱼、哲罗鲑、细鳞鲑、白鲑类等）已经处于濒危状态。另外，由于受资金、基础设施和设备仪器等条件的限制，在鲑鳟的增殖放流工作中，缺乏对放流品种种质的检测技术、生态环境评估技术及增殖效果评价技术，放流品种后代均为小群体野生种家养驯化而成，而且经多代人工繁殖后，势必造成严重的近交衰退，从而使种群的异质性降低，基因库贫乏，经济性状退化。因此，需要国家财政长期的调控和支持种质资源的保护，才能保证资源的持续利用和保护。

4. 缺乏规范的养殖技术体系

目前，鲑鳟养殖没有规范的养殖模式和技术规程。养殖技术基础研发力度不够，各类养殖品种，包括新近开发的土著经济品种缺乏养殖生物学方面的技术支撑，有些种类仅重视亲鱼培育及人工繁育技术，而缺乏商品鱼生产环节的技术。

5. 我国自主培育养殖种类尚未形成主导产业

我国自主培育的种类主要以哲罗鲑、细鳞鲑等为主，由于是刚刚开发的养殖种类，未经选育，性状还不稳定，经常受到病害的侵袭，因此，还不能形成作为主导产业的养殖规模。

6. 产品加工企业缺乏相应的技术标准，国际竞争力弱

我国鲑鳟加工起步于 2000 年以后，企业数量少，深加工设备条件不成熟，鲑鳟产量 80％以上以鲜活鱼上市，一小部分为冰鲜产品，仅有少量加工产品，如酱熏鱼、鱼丸、鱼柳等。鲑鳟养殖成本较高，由于产品深加工产业滞后，无法提升产品的附加值，同时也不便于产品流通，在一定程度上制约了养殖业的规模化发展。

7. 缺乏协会组织引导，信息不通畅

目前，国内鲑鳟养殖产业缺乏龙头企业，技术水平较低，还没有实现有效的"公司＋基地＋农户"的产业模式。由于没有权威性协会组织引导，企业与市场、不同产地之间信息不畅，导致北京、山东、辽宁等地供过于求，商品鱼滞销，而四川、甘肃、青海、新疆等地供不应求，商品鱼价格走高。

三、发展的方向

1. 建立节水、生态、高效的养殖模式

我国鲑鳟产业长期以来受地域、水源、温度的限制，没有形成产业规模。应在人为可控条件下，推广设施渔业，解决养殖废水处理和鲑鳟养殖受地域、水源、水温等因素影响的问题，实现节水、生态、高效的养殖模式。另外，在有条件的地区，应提倡大水面放牧式养殖，以最低的成本换取最高的效益，同时还能以渔养水，改善生态环境。

2. 培育优良的养殖品种（品系）

优良品种是水产养殖发展的基础，目前我国缺少鲑科鱼类的选育良种，生产中所用品种主要以引进的选育种和我国自主开发的养殖种为主。国外商家为了控制种苗市场，所出售的苗种主要为不育的全雌苗种和三倍体苗种。目前甘肃省水产研究所选育出金鳟新品种，中国水产科学研究院黑龙江水产研究所采用家系选育技术，选育出虹鳟早产和快速生长两个优良品系，早产时间较选育前提前 30 天，生长速度提高 15％～30％；另一个技术方法是采用全雌和三倍体技术，培育出生长速度快、不育、肉质鲜美的品种，专门用于商品鱼生产。

3. 加快病害防控技术的研发

目前，国内缺乏有效的鲑鳟病害防控技术措施与机制，病害防控技术滞后，严重影响产业的规模化发展进程。鲑鳟发病时间主要集中在春、夏两个季节。春季以水霉病为主，夏季主要以细菌性疾病和寄生虫病为主，这些疾病大部分在可控范围之内。病毒性疾病常在春夏之交出现，特别是针对虹鳟苗种的病毒性疾病，发病后死亡率高达 80％，对虹鳟养殖产业影响较大，只能采取防控措施。我国至今还没有研发有效可控的鲑鳟病毒疫苗，一旦出现疫病暴发，常常是灭绝性灾害。目前，中国水产科学研究院黑龙江水产研究所、北京市水产技术推广站在病毒疫苗研发上取得了一定的成效。

4. 开发高效环保的鲑鳟专用饲料

目前，国内缺乏鲑鳟营养需求和饲料配制技术的系统研究，配方缺乏科学依据，饲料系数高达 1.3～1.6，使饲料费用占到养殖成本的 70％以上。尤其是鱼苗饲料，几乎都要采用进口的饲料才能保证成活率。国外发达国家（如挪威、日本、美国等）的饲料配方较为平衡合理，饲料系数低至 1.0 以下。开发高效环保的鲑鳟配合饲料不仅可以使鱼类获得均衡的营养，还可以降低饲料浪费，减少饲料和排泄物对水体的污染，减少有毒有害物质在鱼体的积累，提高水产品品质，保护养殖水域环境。

5. 制定深加工技术标准

目前鲑鳟加工沿用传统工艺，如烟熏虹鳟、冷熏三文鱼等，品种单一。因为产品没有经过高温杀菌，在储藏期后期极易出现微生物腐败问题。急需制定一批针对冷水鱼深加工的技术标准，开发新的系列产品，提高加工产品的附加值，稳定产品质量。

6. 创建品牌

国内鲑鳟养殖多分布在山区有冷水资源的区域，规模小，养殖分散，组织化程度较低，没有创建影响力较大的品牌，导致消费者认知度低，不能发挥鲑鳟产品的优势。

第二章 鲑鳟的生物学特性

第一节 生物学特性

鲑鳟类的生物学特点及对环境的适应与温水性鱼类有明显区别，特别是对水质和水温等条件要求比较严格。

一、水温条件

鲑鳟栖息环境的水温一般在 0～20℃，生长适宜水温是 8～18℃。远低于温水性或广温性鱼类。鲑鳟有严格的上限水温，超过 18℃以后，温度越高，生长速度越慢；超过 20℃，生命活力、饲料效率和抗病力降低，死亡率增高；在 25℃的水体中，会很快死亡；繁育期水温一般不能超过 13℃，否则性腺发育不良，繁殖效果不理想。下限适温范围较大，通常水不结成冰即能摄食，有些种类在较低温条件下，仍然可以较好地摄食并生长；大部分亲鱼的性腺发育成熟、产卵和卵的受精、胚胎发育及稚鱼的生长发育等有关繁殖的生命活动最适水温为 5～13℃。

二、繁殖习性

绝大多数鲑科鱼类繁殖期为全年光照最短的秋、冬季节，属短日照型，野生个体的繁殖期，在北半球一般为 10 月至翌年 2 月，多数种类的产卵高峰期是 12 月至翌年 1 月。寒冷地区有些种类的繁殖推迟到 4 月，溪流开始解冻、饵料生物开始繁殖的早春，如鲑科的哲罗鲑属、细鳞鲑属、茴鱼属及胡瓜鱼科、狗鱼科的部分种类。

鲑科鱼类性成熟、产卵和受精、胚胎发育及稚鱼培育的水温多在 8℃以下，上限水温是 13℃，超过 13℃性腺发育失常，成熟不良,受精率、发眼率、孵化率降低,稚鱼畸形率及死亡率增加。

野生的鲑鳟产卵都有筑巢的习性,即在有砾石的河床上,雄鱼用尾鳍扇动水流形成产卵坑,雌鱼在巢中产卵。在人工养殖环境下由于不具备筑巢的条件,亲鱼不会自行完成产卵受精行为。只有在满足水温、水流等生态环境条件下,借助人工手段实现人工产卵。

鲑鳟性成熟年龄一般为4~5龄,种类不同成熟年龄略有差异。成熟年龄最小的是马苏大麻哈鱼的陆封型,1龄以上雄鱼就可成熟,这是大麻哈鱼属特殊的生态类型。

鲑鳟的成熟卵粒比常温鱼类的大,直径一般为3~5毫米,橘黄色或橘红色。沉性卵,无黏性。孵化期较长,根据水温不同,孵化期要30~50天。

三、生活习性

鲑鳟喜流水,终生栖息于高透明度、澄澈清冷和无污染的水域中。其基础代谢水平高,耗氧率高,正常生存的溶氧量为饱和含氧量的80%以上(≥5毫克/升)。鱼类的栖息习性多样,一般可分为定居型、洄游型和陆封型三种生态类群。典型的淡水定居型种类有黑斑狗鱼、江鳕、哲罗鲑、乌苏里白鲑、细鳞鲑等。典型的洄游型种类主要有鲑科鱼类,如大麻哈鱼属、鲑属的大部分种类及红点鲑属的部分品种。陆封型主要种类有黑龙江、吉林两省的花羔红点鲑、马苏大麻哈鱼和虹鳟。

鲑鳟大多数是肉食性种类,对蛋白质和脂肪的利用率较高。养殖条件下,经驯化后大多喜食人工饲料。

四、生长速度

鲑鳟相对其他冷水鱼类,生长速度较快,个体较大。如哲罗鲑体重可达80千克/尾;在苏格兰的Deroni河捕获的大西洋鲑,最大个体达51.5千克/尾;道纳尔逊优质虹鳟,2龄体重即可达到3.5~4.5千克。

洄游型群体较陆封型群体生长更快，同龄鱼洄游型个体长得大，陆封型降湖滋河群个体小，河川残留群及陆封型河川栖息群个体更小。如图们江马苏大麻哈鱼洄游型个体一般为 2.5～3.5 千克/尾，陆封型的成熟个体以 0.2～0.5 千克/尾居多。

第二节 形态与分布

鲑鳟的种类繁多，下面主要介绍已经养殖或有养殖潜力的品种，包括鲑形目、鲑科、鲑亚科的大麻哈鱼属、鲑属、细鳞鲑属、哲罗鲑属和红点鲑属的种类以及白鲑科、白鲑属的一些种类。

一、马苏大麻哈鱼

马苏大麻哈鱼分降海型和陆封型两种类型。陆封型马苏大麻哈鱼见彩图 1。

(一) 形态特征

马苏大麻哈鱼体形长，侧扁，体高和尾柄高显著大于其他大麻哈鱼。口端位，口裂略斜，吻突出，雄性成熟个体的吻端向内弯曲，如同鸟喙，上、下颌不能吻合。具锋利的颌齿。鳞细小，头部无鳞。腹鳍起点位于背鳍起点之后，尾鳍浅叉弯月形。

背部黑褐色或暗青色，体侧及腹部银白色；背部及体侧有少量的红褐色斑纹，背鳍、脂鳍和尾鳍上叶有分散的圆形红褐色小斑点。陆封型体侧终生保留 8～10 块黑褐色斑块。

(二) 自然分布

马苏大麻哈鱼仅分布于北太平洋亚洲一侧水域，如鄂霍次克海、日本海、日本北部海域、朝鲜半岛东部海域以及我国的绥芬河、图们江和黄海北部，是大麻哈鱼类中分布纬度较低，栖息水温较高的种类。在我国台湾省的大甲溪上游以及图们江、绥芬河和日本的九州有马苏大麻哈鱼的陆封型群体。

陆封型大麻哈鱼一般生活在山涧溪流的上游，有严重的领域行为。

（三）生物学特性

溯河的马苏大麻哈鱼群体每年5月洄游至河口的咸淡水水域，于7月进入淡水生活继续性腺发育，8—10月完成性腺发育达到性成熟进入产卵场。溯河的成熟马苏大麻哈鱼怀卵量为2 400～4 100粒，高于陆封型群体，卵径为5.0～6.0毫米，卵呈橘红色。亲鱼产卵行为与其他大麻哈鱼相似，产卵后亲鱼在产卵坑周围巡游，保护鱼卵免遭伤害，2～3天后亲鱼陆续死亡。陆封型野生的群体3龄性成熟，人工养殖条件下2龄即成熟。怀卵量在600～1 300粒，亲鱼产卵后约有一半个体死亡。马苏大麻哈鱼幼鱼不像其他大麻哈鱼在当年降海洄游，而是在淡水河流生活1年后于翌年春季开始降海洄游。幼鱼在淡水生活期间分化成2个生态群体，即洄游型群体和陆封型群体。陆封型群体终生生活在淡水河流里，并参与洄游型群体的繁殖，成为大麻哈鱼类中罕见的生物学特性。

马苏大麻哈鱼是大麻哈鱼属中适应性较强、寿命短、个体相对较小、洄游距离较短的种类之一。适温范围在0～25℃，甚至25℃以上，最佳生长温度10～17℃，最大体长71.0厘米，最大体重10千克。陆封型个体小于降海型。在8～10℃条件下，1龄鱼可以达50克左右，2龄鱼达到300～500克，3龄鱼达到600～900克。在人工养殖条件下，在水温为10～18℃范围时，2龄鱼达到500克，3龄鱼达到1 000克以上。

陆封型群体经过驯化，可以适应人工条件的养殖，可以摄食人工饲料，生长速度快。

二、虹鳟

（一）形态特征

虹鳟体形长，全身略侧扁，近圆柱形或近纺锤形。头较小，吻圆，口端位，口裂大，裂斜。下颌向上弯曲，盖住上颌，吻端尖。眼稍小，位于体轴线的上方。各鳍均无硬棘。尾鳍呈浅叉形。全身披细小的圆鳞。成熟的个体体侧有一条紫红色或桃红色的彩虹带，从头后直至尾鳍基部，在繁殖季节尤其艳丽，因与雨后的彩虹相似，因而得名（彩图2）。

虹鳟成鱼体侧无追星，雌、雄个体间的头部和口型略有差异，性成熟阶段雄性个体体色鲜艳。鱼体体侧的颜色因栖息环境、个体大小和性腺发育程度而有所变化。一般栖息于山涧溪流的个体体色较深，生活于湖泊的个体较为明亮或更接近银色。人工养殖条件下，营养条件好的体色较为鲜艳。

（二）自然分布

虹鳟原产于北美洲的太平洋沿岸，主要分布于美国阿拉斯加的卡斯科奎姆河，经落基山山脉西侧加拿大太平洋沿岸到美国加利福尼亚，再向南到达墨西哥北部的广大地区。此外，落基山山脉东侧的皮斯河、阿萨巴斯卡河以及堪察加半岛的河流、湖泊中也有分布。目前，虹鳟已被引进到许多国家和地区，是一种世界性的养殖鱼类。

（三）生物学特性

1. 栖息习性

虹鳟一般生活于具有中等流速高溶氧量的河流中，在温度较低的湖泊中生长良好。生活的水层可以深达10米。虹鳟要求水质澄清而透明，pH为5.5～9.2，最适pH为6.5～6.9。对盐度的适应能力随个体的增长而增强，稚鱼能在盐度为5～8的水中生长，当年鱼能在盐度为12～14的水中生长。通常35克以上个体经咸淡水过渡，即可适应海水生活。

虹鳟是喜氧的鱼类，要求栖息场所水体的溶氧量达到6毫克/升以上，高于此含量时，生长速度快，生理代谢正常，饲料转换率较高，胚胎和幼鱼的发育良好。当水体中的溶氧量低于5毫克/升时，虹鳟即感觉不适，表现为烦躁不安，呼吸频率加快；溶氧量低于4.3

毫克/升时，即表现出典型的缺氧现象，通常聚集在注水口附近。长时间处于低溶氧量的水体中，鱼体的头部呈现黄色，鳃盖外张，有时表现出类似于鲤科鱼类的浮头现象，并发生死亡；水体中的溶氧量低于 3 毫克/升时，虹鳟即表现出窒息现象，并陆续死亡。

虹鳟生活水温上限为 22℃，溶解氧充足时可以短时期生活于 24～25℃ 或更高的水温下；在 1℃ 水温条件下不会死亡，但反应比较迟钝；水温 4℃ 时可以摄食；低于 8℃ 或高于 20℃ 时其食欲严重减退；较佳的生长温度为 12～18℃。

2. 食性

虹鳟是肉食性鱼类。在自然条件下，虹鳟一般生活于水体的底层。在稚鱼期以前主要摄食各种浮游动物，稚鱼期之后摄食各种浮游动物、底栖动物、软体动物、甲壳类、鱼卵、水生和陆生昆虫及各种可以捕食到的小型鱼类（包括虹鳟的幼鱼）。人工养殖条件下可以摄食人工配合饲料。

3. 生长

虹鳟的生长速度较快，在天然水域中，10 龄的虹鳟最大个体可达 20 千克。在人工饲养条件下，最大个体可达 7.5 千克。虹鳟的生长速度因水温、饲料等不同而异。在水温为 9℃ 时，1 龄鱼体重达 40～50 克，2 龄鱼为 200～300 克，3 龄鱼为 800～1 000 克；当水温为 14℃ 时，1 龄鱼体重可达 100～200 克，2 龄鱼达 400～1 000 克，3 龄鱼达 1 000～2 000 克。

4. 繁殖习性

在自然条件下，虹鳟一般在雄鱼 2～4 龄、雌鱼 3～5 龄，体长为 15 厘米以上时达到性成熟。成熟亲鱼喜欢选择具有沙砾底质、水质澄清、水流较急的河床做产卵场。产卵水温一般在 4～13℃，最适水温为 8～12℃。每年产卵 1 次，怀卵量因年龄和个体大小而异，从 1 500～3 500 粒不等。通常雌鱼用尾鳍挖坑产卵，并将受精卵掩埋，雄鱼保护。雌鱼一般分多次产卵，卵球形，沉性，卵径为 4～7 毫米，橙黄色或橘黄色。水温 5℃ 时，需 75 天左右孵出鱼苗；10℃ 时，约 30 天孵出；12℃ 时，约 26 天孵出。孵出时仔鱼全长为

15～18 毫米。

三、金鳟

金鳟是从虹鳟养殖群体中发生体色变异的个体选育而成的变异品系。目前有两个品系，一个品系在美国育成，是完全的红色体色隐性基因结合系；另一个品系在日本育成，是白化症变异类型。这两个品系的金鳟，其体型和各种可数可量性状与虹鳟基本一致，最大区别是体色。金鳟全身金黄色、橙黄色或淡黄色，成熟个体的体侧有红色的彩带，眼睛呈玫瑰红色。美国品系的体色偏红，较为鲜艳；日本品系偏黄（彩图 3）。

金鳟与虹鳟的生活习性、生长发育均无明显差异。

四、硬头鳟

（一）形态特征

硬头鳟，又称钢头鳟、海鳟，隶属于大麻哈鱼属，是虹鳟的一个生态类群，具有降海洄游特征。硬头鳟与虹鳟亲缘近，体形相似，体表有差异，沿体侧侧线无明显的彩虹带，上半部暗绿色，下半部银白色，头背部铁灰色（彩图 4）。

（二）自然分布

硬头鳟原产于美国阿拉斯加的卡斯科奎姆河和加拿大不列颠哥伦比亚省的皮斯河等水域。另外，在墨西哥的奇瓦瓦州也有硬头鳟。硬头鳟是欧美国家游钓的主要鱼类之一。

我国于 1998 年引进硬头鳟发眼卵，2006 年由北京市水产科学研究所在国内首次人工繁殖成功。

（三）生物学特性

1. 栖息习性

硬头鳟可生存在水温为 0～22℃的水环境中，最适生长水温为

10～18℃。栖息水域要求水质澄清，水量充沛，溶氧量在 6 毫克/升以上，最理想的溶氧量要达到 80％饱和度。硬头鳟为广盐性鱼类，在淡水至盐度为 10 的水体中均可良好生存和生长。硬头鳟的生活史与多数降海洄游型的大麻哈鱼一致，具有降海和成熟死亡现象，淡水河流中生，淡水河流中死亡，但一生中一部分或大部分时间是在海洋中度过。将硬头鳟驯化后，与虹鳟一样可以终生在淡水中生活。

2. 食性

硬头鳟属肉食性鱼类，自然条件下幼鱼主要摄食浮游动物及底栖动物，成鱼喜食鱼类、底栖动物、水生昆虫，亦食植物碎屑。在人工养殖条件下，也喜食人工配合饲料，其摄食量随水温及溶氧量变化而不同。在水温 10～18℃，溶氧量为 8 毫克/升以上时食欲最强，溶氧量在 5 毫克/升以下时食欲减弱。

3. 生长

硬头鳟成鱼个体一般在 3～5 千克/尾，1 龄鱼体重可达 50～200 克/尾，2 龄鱼体重可达 500～1 500 克/尾，3 龄鱼可达 2 000 克/尾以上，一般 2 龄鱼可达商品鱼规格，即 500 克/尾以上。

4. 繁殖特性

硬头鳟的性成熟年龄在 3 龄以上，人工养殖条件下，选择 4 龄以上、体重达到 2 000 克/尾以上的亲鱼成熟度较好。硬头鳟亲鱼性腺发育的适宜水温为 8～13℃。水温在 3℃ 以下时，性腺发育停止，产卵期推迟；水温过高时出现异常卵，发眼率显著下降。硬头鳟亲鱼的相对怀卵量为每千克雌鱼 2 000 粒，正常情况下每尾亲鱼怀卵量为 5 000～6 000 粒，卵径为 4.8～4.9 毫米。

五、北极红点鲑

(一) 形态特征

北极红点鲑体形长、略侧扁。口端位，口裂相对其他红点鲑要浅。侧线从头部开始略向下弯曲，侧线附近的斑点较大，体侧及背部有粉红色的斑点，最大的斑点大于瞳孔。鱼体的颜色受季节、性腺的成熟程度和环境变化影响。一般背部黑色接近褐色，有时为暗绿色；体侧较背部的颜色浅一些，腹部白色。幼鱼的鳍条灰色，成体的背鳍和尾鳍黑色；繁殖时的成体，特别是雄性个体的腹侧及腹部的鳍条颜色鲜艳，呈橘红色或鲜红色（彩图5）。幼鱼在腹部的鳍条上有11个幼鲑斑。

（二）自然分布

北极红点鲑主要分布于靠近北极区域，分洄游品系（海洋型）和非洄游品系（陆封型）。主要分布在加拿大的纽芬兰岛北部、冰岛和挪威北部。陆封型群体分布在加拿大的魁北克、美国的缅因州和新罕布什尔州，在阿拉斯加地区的北极红点鲑，绝大多数也为陆封型，生长在湖泊及山区河流中；在瑞士和法国也有少量分布。

（三）生物学特性

1. 栖息习性

北极红点鲑可以适应淡水、咸淡水和海水生活，生活水层可以深达30～70米。喜欢栖息于大型水体，如湖泊、大河的深水处等。生存温度范围为0～22℃，生长最适温度为8～14℃，它极耐低温，有时冻在冰里，把冰化开后还能存活。北极红点鲑的最适孵化和生长温度比其他鲑科鱼类低3～5℃。北极红点鲑呼吸率低，耐缺氧。水中溶氧量为2.2毫克/升时还能正常活动，人工养殖条件下，适合高密度养殖。

2. 食性

北极红点鲑是非典型的杂食性鱼类，除摄食浮游动物、底栖动物、甲壳类、水生及落水的陆生昆虫和小型鱼类等以外，还摄食藻类、水生植物和植物种子。人工养殖条件下可摄食人工配合饲料。

3. 生长

北极红点鲑的生长速度相对较慢，在水温为3～11℃的条件下，从孵化破膜到体重 450～900 克/尾规格，需要 2 年多时间。在自然条件下，陆封型种类 3～5 龄体重为 1～3 千克/尾，最大个体体重为 8～10 千克。

4. 繁殖

自然条件下，北极红点鲑的成熟年龄依环境条件而变化，一般4～10 年性成熟，繁殖期在每年的 9—10 月，洄游型的北极红点鲑的回归相当准确，有两种类型，一种是返回到湖水的浅水区繁殖，另一种是返回河道繁殖。

陆封型北极红点鲑有的春季产卵，有的秋季产卵，一般 3～5年可达性成熟，体重为 1～3 千克/尾。雌性亲鱼平均每千克鱼产卵3 000～4 000 粒，卵径为 3～5.5 毫米，卵橙黄色，沉性。北极红点鲑最佳孵化温度是 6～10℃，孵化时最低溶氧量为 6 毫克/升，pH 为 6.5～6.8，孵化积温为 6 336～7 392℃。刚孵出的仔鱼体长约为 15 毫米，体重为 0.007 克。在人工养殖条件下，可以进行人工繁殖（彩图 6，彩图 7）。

六、溪红点鲑

(一) 形态特征

溪红点鲑，又名美洲红点鲑，隶属于鲑形目、鲑科、红点鲑属。溪红点鲑的背部绿色或褐色，布满了蚯蚓状的橄榄绿色的花纹，体侧较背部的颜色要淡。身上有带蓝色色晕的红色斑点，鳍的下沿都有一条奶白色的裙边。尾鳍分叉较浅。性成熟雌鱼的下半部呈红色。降海类型的鱼体上半部暗绿色，下半部银白色带有粉色的斑点。溪红点鲑雌性亲鱼见彩图 8，溪红点鲑雄性亲鱼见彩图 9。

(二) 自然分布

溪红点鲑的分布从美洲加拿大的东部到纽芬兰岛，向西到达哈得孙湾，还包括大西洋的南部到大湖区、美国明尼苏达州的密西西比河湾、乔治亚州的北部。后引至北美洲其他地区及南美洲、欧洲、亚洲、非洲南部、大洋洲等地，是世界著名的鲑科鱼类之一。

（三）生物学特性

1. 栖息习性

溪红点鲑喜欢栖息于水质清新、溶氧量高的中小型河流或湖泊中。最适宜的水温在15℃左右，极限水温为1～25℃；对pH的适应能力较强，在4.0～9.8。

2. 食性

溪红点鲑的食性较广，摄食软体动物、甲壳类、浮游动物、小型哺乳动物、底栖动物、鱼卵、昆虫、鱼类等。有些个体的胃中可以发现植物性食物。

3. 生长

溪红点鲑的生命周期为4～6年，最多不超过15年。它的生长速度比虹鳟快10%～20%，比北极红点鲑快20%～30%。

4. 繁殖

溪红点鲑的性成熟年龄为2～3龄。产卵季节集中在每年的9—12月，随地域的不同略有变化。雌鱼每次产卵为每千克鱼4 000～5 000粒。人工采卵方式与虹鳟相同。进行人工授精时，为保证最高的受精成活率，最好将雌鱼与雄鱼的比例定为2：1。

七、银鲑

（一）形态特征

银鲑（*Oncorhynchus kisutch*），隶属于鲑形目、鲑科、大麻哈鱼属，也称银大麻哈鱼。全身披满银白色的鳞片，英文名称为coho salmon或silver salmon。其背部和尾鳍上叶有黑色的小斑点，下颌因缺少色素而颜色较淡。繁殖季节头部和背部呈或深或浅的绿色，体侧鲜红色，腹部青灰色。雄鱼的体色较雌鱼更为鲜艳（彩图10）。

（二）自然分布

银鲑广泛分布于北太平洋地区，从俄罗斯北部到日本北海的南部，从美国阿拉斯加到加利福尼亚以及墨西哥。由于银鲑生长速度快，易饲养，抗病力强，成活率高，味道鲜美，经济价值高，已成为美国、日本、法国、加拿大等国家重要的海水养殖品种。

（三）生物学特性

1. 栖息习性

银鲑为溯河性洄游的鲑科鱼类，具有比较典型的溯河鱼类的生理特征和习性。在淡水河流中出生和繁殖，可以生活在咸淡水水域。栖息水域必须水质清新无污染，溶解氧饱和度要达到 80% 以上。对盐度的适应性很强，从淡水至盐度为 1 的水中都能正常生长。银鲑在 0.8~2.0℃ 的水温条件下，鱼卵也能顺利发育，发眼卵的孵化率达到 98% 以上。稚鱼在 0℃ 水温下也能生长（日增重 0.02 克），1 龄鱼的成活率达 99.9%。银鲑的最适生活水温为 8~18℃，可生存水温为 0.6~19.0℃，短期最高允许水温为 21℃，低于 8℃ 基本停止摄食，高于 19℃ 将很快死亡。

2. 食性

银鲑为肉食性鱼类，通常以杂鱼为食，幼苗期亦食浮游动物及底栖动物，在人工养殖情况下，也喜食颗粒饲料。银鲑饲料营养要求与虹鳟类似，但脂肪的添加量要求在 5%~8%，如过量易引起死亡；可消化碳水化合物含量要小于 5%。

3. 生长

银鲑个体小于大麻哈鱼，但是生长速度较快。雄性最大个体的全长为 100~110 厘米，雌性最大个体的全长为 65~70 厘米；最大体重为 15 千克左右。有报道银鲑的最大年龄为 5 龄。

4. 繁殖

银鲑 2~4 龄可达性成熟，为分批产卵类型。稚鱼在淡水中生活 1~2 年后，降河或降海。绝大多数个体在海中度过 1 个冬季，某些雄鱼在海中只度过夏季。繁殖时间主要集中在 11 月至翌年的 1 月。

银鲑的繁殖习性和产卵行为与其他大麻哈鱼相似，到达产卵场后，雌性先占据领地挖产卵巢，驱逐试图进入产卵场的其他雌性个体，雄性则忙于驱逐其他试图靠近的雄性个体。雌鱼产完一批卵后向上方移动一段距离，继续挖巢产卵，重复数天，直到产出所有的卵而死亡。

银鲑成熟的卵子为橘色或橘红色，卵径为 4.5～6.0 毫米，胚胎发育完全受温度影响。一般情况下，短的仅需要 6～7 周，长的则需要 16 周才能孵出仔鱼。孵出的仔鱼需 2～3 周才能完成卵黄的吸收，可以上浮开始摄食。银鲑的怀卵量与其他大麻哈鱼相近，一般体重为 2～6 千克/尾的亲鱼怀卵量为 1 440～9 000 粒。亚洲的银鲑平均怀卵量约为 4 000 粒，北美洲的银鲑怀卵量为 2 500～3 000 粒。

八、哲罗鲑

(一) 形态结构

哲罗鲑（*Hucho taimen*），隶属于鲑形目、鲑科、哲罗鱼属。俗称哲罗鱼、折罗鱼、哲绿鱼、大红鱼。北半球共有 4 个种类，本书主要介绍分布于黑龙江水系、额尔古纳河的太门哲罗鲑。

哲罗鲑体长形，略侧扁，呈圆筒形。头部平扁，吻尖，口裂大，端位。上颌骨明显、游离，其末端超过眼的后缘。鳞细小，侧线完全。鳔 1 室。体深褐色，体侧紫褐色，有多数密集如粟粒状的暗黑色近似"十"字形小斑点。背面及两侧有黑色圆斑，体侧下部及腹部银白色，体侧有 6～10 条较宽的暗色横带。繁殖期雌、雄性均出现婚姻色，雄性婚姻色更为明显，其腹部、腹鳍和尾鳍下叶呈橙红色。哲罗鲑雌性亲鱼见彩图 11，哲罗鲑雄性亲鱼见彩图 12。

(二) 自然分布

哲罗鲑分布于伏尔加河至黑龙江、额尔古纳河、鄂嫩河、英戈达河、石勒喀河及涅尔恰河一带。在我国分布于黑龙江上游、嫩江上游、牡丹江、乌苏里江、松花江、镜泊湖、额尔齐斯河等水域。

（三）生物学特性

1. 栖息习性

在自然环境下，哲罗鲑绝大部分时间栖息于温度较低（最高水温不超过20℃）、水质清新、水深流急、沙石底质、植被繁茂的河流或溪流中，有明显的季节性短距离洄游习性，包括春季生殖洄游与秋季越冬洄游。黑龙江沿江一带渔民有"细鳞、哲罗，七上八下"的谚语，这是指细鳞鲑和哲罗鲑春季向溪水上游生殖洄游、秋季向大江深水越冬的洄游规律。

哲罗鲑的窒息点与体重呈负相关，个体越大，耐低氧能力增强。哲罗鲑窒息点与同科的金鳟接近。

2. 食性

哲罗鲑是凶猛的肉食性鱼类，在自然条件下，主要摄食小型鱼类，稚鱼期也捕食无脊椎动物。一年四季均能摄食，仅在繁殖季节或水温较高时摄食减弱。与细鳞鲑摄食特性相同，在早晨和黄昏时摄食最为活跃。在不同的水域，捕食的种类也不一样，有时可捕食岸边的啮齿类动物、蛇类或水禽。在稚鱼期哲罗鲑以摄食无脊椎动物为主。

3. 生长

哲罗鲑生长速度较快，属大型经济鱼类，野生常见个体在3千克以上，记载发现最大个体达到80千克。

4. 繁殖

野生哲罗鲑一般5龄，体长大于40厘米达到性成熟。人工养殖条件下4龄可达到性成熟。生殖期视栖息地环境而略有差异。哲罗鲑一生多次繁殖。野生哲罗鲑怀卵量为1.0万～3.4万粒；人工养殖条件下成熟亲鱼怀卵量为6 000～8 000粒。成熟卵呈浅黄色，沉性，无黏性，卵径为3.5～4.5毫米。

繁殖时，亲鱼集群于水流湍急、底质为沙砾的小河川里产卵，亲鱼的产卵方式与大麻哈鱼属相近，亲鱼有埋卵和护巢的习性，产卵后亲鱼有死亡现象，雄鱼死亡稍多，在人工养殖环境下，产后死亡率要小得多。哲罗鲑5月产卵，受精卵需30～35天孵化出仔鱼。

九、细鳞鲑

(一)形态特征

细鳞鲑〔*Brachymystax lenok*（Pallas）〕，英文名为lenok，隶属于鲑形目、鲑科、细鳞鲑属。俗称山细鳞鲑、江细鳞鲑、闾鱼、金板鱼、花鱼、梅花鱼、小红鱼。

细鳞鲑体形长，侧扁，头稍尖，吻钝；口小，横裂，亚下位；上颌骨明显、游离，向后伸达眼中央下方。上下颌、犁骨、腭骨、舌上均有向内倾斜的齿。眼大，鳞细小，侧线完全，脂鳍小。幽门盲囊63～91个，背部黑褐色，体侧银白或是黄褐色、红褐色，分布着不规则的黑色斑点。幼鱼有数条垂直暗纹，腹部银白色。体色因栖息水域不同而异。终年栖息于山涧溪流里的群体，体背部呈绿褐色，体侧较黑，腹部白，背鳍、臀鳍、脂鳍有黑点，外缘黑色；胸鳍、腹鳍橘红色有黑斑，个体较小，体长在350毫米以下，渔民称其为"山细鳞"。冬季洄游到大江越冬的细鳞鲑，个体大，背部黑绿，体侧黄褐色，有黑斑点，腹部黑；背鳍前角黑；胸鳍、腹鳍绿褐；尾鳍有细长黑色，边色黑；较前者鲜艳，俗称"江细鳞"。生殖季节成鱼色暗，背鳍前部鳍条变黑，体侧出现隐约可见的红色斑。在不同年龄大小和不同栖息环境中，其体色变化较大，一般老龄鱼较幼龄鱼体色深。成熟的细鳞鲑见彩图13。

(二)自然分布

细鳞鲑分布于俄罗斯、中国、朝鲜、蒙古部分地区的河流中，如鄂毕河、叶尼塞河、勒拿河、科雷马河及我国的黑龙江、松花江、图们江、鸭绿江、辽河上游、滦河及白河上游、渭河及汉水的支流等。

（三）生物学特性

1. 栖息习性

细鳞鲑多栖息于海拔 1 000 米以上，水温较低、水质清澈的流水中，冬季在支流的深水或大江中越冬，幼鱼钻入石缝或乱石堆里越冬。初春，江河解冻时，由河川中游溯河向上游进行产卵洄游，并一直留在此度过夏天。细鳞鲑一般在水深不超过 1 米的沙砾底质的急流处产卵，秋季结冰前（8 月以后），则从上游溪河顺大江或河川迁移。

2. 食性

细鳞鲑为肉食性鱼类，食物成分随栖息环境和不同季节的生物组成而变化，主要以无脊椎动物、小鱼等为摄食对象。较大的细鳞鲑也捕食蛙类、落浮在水面的昆虫以及在岸边的鼠类。细鳞鲑是大麻哈鱼的天敌之一，每当大麻哈鱼产卵期，细鳞鲑尾随大麻哈鱼进入产卵场，偷食大麻哈鱼的受精卵。每天早晨和黄昏觅食最活跃，冬季冰下也能摄食。产卵后鱼的食欲特别旺盛，摄食温度为 10℃左右。

3. 生长

细鳞鲑是一种经济价值较高的鱼类，最大个体可达 6～8 千克。人工流水养殖条件下，从上浮鱼苗养殖到 500 克需 24～28 个月。

4. 繁殖

细鳞鲑性成熟年龄雄性比雌性早，雄性多为 3～4 年，雌性多为 5 年。怀卵量为 0.3 万～0.7 万粒，卵径为 3～4 毫米，卵橙黄色，沉性。产卵期在 4—5 月，产卵适温在 5～12℃。在自然条件下，随着水温的升高，细鳞鲑逐步进入到支流中产卵繁殖。池塘培育中，当水温达到 6℃时，细鳞鲑雌、雄亲鱼才出现追逐现象。水温低于 6℃时，性腺发育多处于Ⅲ期，只有少部分到Ⅳ期；水温保持在 6～8℃，性腺则会正常发育。细鳞鲑雌性亲鱼见彩图 14，细鳞鲑雄性亲鱼见彩图 15。

十、高白鲑

（一）形态特征

高白鲑（*Coregonus peled*），隶属鲑科、白鲑亚科、白鲑属。全世界有 30 余种。

高白鲑体侧扁，头小，吻尖，口端位，上、下颌等长或下颌稍突出。口裂斜，口裂后缘达眼前缘下方。眼侧上位。侧线完全。尾鳍深叉形，上、下叶等长或下叶略长于上叶。体高，在头部后方的背一般隆起成弧形。背部青灰色，腹部银白色，头部及鳃盖部有小斑点。高白鲑成鱼见彩图 16。

（二）自然分布

高白鲑分布于欧洲和北美洲的淡水水域。按其分布和习性可分 3 种生态型：洄游型、半洄游型和湖泊型。湖泊型适于静水中生活并可完成生命活动的全过程，一般被选为湖泊、水库、池塘的增养殖对象。

（三）生物学特性

1. 栖息习性
高白鲑对水域环境的适应能力较强，在静水和流水水域均可自行繁殖。可生活在 1～28℃ 的水温条件下，最适生活水温 12～15℃。pH 适应范围为 6～9，在一般偏酸或偏碱性水中均可正常生长。能忍耐溶氧量 2 毫克/升以下的低氧环境。

2. 食性
高白鲑是典型的摄食浮游动物的鲑鳟，稚鱼摄食轮虫、卤虫无节幼体；稚鱼期以后摄食枝角类、桡足类、水生昆虫和底栖生物。

3. 生长
在适温范围内，高白鲑的生长速度随着温度的上升明显加快，从纬度高的地区移殖到纬度低的地区养殖速度明显加快。高白鲑当年可达到 20～30 克/尾规格，2 周年可达 300～400 克/尾，3 周年可达 500～1 500 克/尾，4～5 年可达 3 千克/尾。

4. 繁殖

高白鲑一般 2～4 龄达到性成熟，通常雄性较雌性早 1 年。高白鲑雌鱼最小性成熟个体体长为 29.6 厘米，体重为 660 克；雄性最小性成熟个体体长为 26.5 厘米，体重为 360 克。高白鲑的繁殖力随年龄的增长呈明显上升趋势，1 龄以上为 43 072 粒，2 龄以上为 99 119 粒，3 龄以上为 191 791，4 龄以上为 265 273 粒，5 龄以上为 254 346 粒，到 4 龄怀卵量变化不大。卵径为 1.25～1.81 毫米。半洄游型的 9 月下旬到 10 月初开始产卵繁殖，产卵期一般延续 10～15 天，产卵场设在有沙砾覆盖的河段上。湖泊型高白鲑产卵时间从 11 月下旬开始，高峰期在 12 月到翌年 1 月。

第三章　鲑鳟人工繁殖技术

第一节　后备亲鱼的挑选

亲鱼是指性腺发育到性成熟阶段，有繁殖能力的雄鱼或雌鱼，也叫种鱼。后备亲鱼指尚未达到性成熟生理年龄，体征指标尚未达到性成熟标准，性腺尚未发育成熟的鱼。亲鱼的质量直接决定了苗种的质量，因此，挑选后备亲鱼要提早，在进入鱼种培育期后每次分池时，就应当将性状优良的个体挑出培育。后备亲鱼的培育是鲑鳟育种繁育关键性的问题。

一、后备亲鱼的来源

鲑鳟的后备亲鱼来源有两个渠道，一是从野生群体中挑选；二是从养殖群体中挑选。比如，我国主要养殖的土著鲑鳟品种有哲罗鲑、细鳞鲑等，在前期研究阶段，后备亲鱼来源于野生群体；随着人工繁殖技术的成熟，大部分后备亲鱼直接从养殖群体中挑选。由于国内养殖的鲑鳟品种绝大部分来源于养殖群体，因此，从养殖群体中挑选鲑鳟后备亲鱼显得尤为重要。为了避免近亲交配繁殖，最好在不同养殖批次或养殖场中单独挑选雄性或雌性后备亲鱼。

二、后备亲鱼的选择标准

（一）种质标准

从种质角度选择后备亲鱼。首先，要求作为后备亲鱼选择对象要种质纯正，品种特征明显，避免错选杂交的成鱼；其次，要选择生长速度快、肉质好、抗逆性强的个体作为后备亲鱼。

（二）体质标准

作为后备亲鱼，必须是体质健壮、体色艳丽、体形标准、行动活泼、无畸形、无病、无伤的个体。

（三）雌雄比例

鲑鳟后备亲鱼的选留，一般情况下雌鱼：雄鱼以（2～3）：1为宜。

（四）后备亲鱼筛选流程

从鱼苗培育到后备亲鱼的筛选约需 3 年，在此期间共进行 4 次选择，总选择率为 1.25%。选择标准：首先是生长速度，以体长和体重为基本参数；其次是体色；到后期就要考虑所留亲本的雌、雄比例。后备亲鱼的挑选是从达到 300 日龄的鲑鳟开始，选择的基础群体要求尽量充足，具体流程见图 3-1。

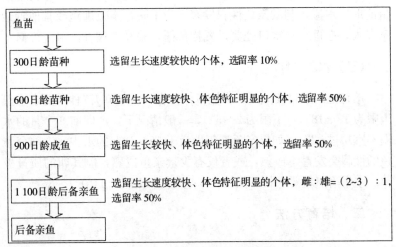

图 3-1 后备亲鱼筛选流程

第二节 亲鱼的培育

体质健壮、繁殖力相对较强的亲鱼，产卵的数量较多，卵子和受精卵的质量较好，受精率、发眼率也相对较高，孵化出的仔鱼质量比较优良。因此，加强亲鱼繁殖前的培育，提高亲鱼的体质和繁殖力意义重大。

一、培育环境

（一）培育池条件

亲鱼池要求面积较大，水流畅通。在实际生产中，亲鱼池通常建成长方形或八角形，有独立的进、排水系统，面积为 $100\sim300$ 米^2，水深为 $1\sim1.2$ 米。亲鱼池的进、排水口可与培育池宽度相等，以保持水流畅通，加大流量。如果亲鱼池建在水流量较小的地方，进水口可为池宽的 $1/5$，排水口可为池宽的 $1/2$，以有利于亲鱼池形成水流，刺激亲鱼性腺发育。为了防止亲鱼逃跑或其他野杂鱼混入，在进、排水口处要设置拦鱼栅，并经常检查，清洗维修。

（二）水源条件

培育池的水量要充足，水流量保持在 $50\sim100$ 升/秒。要求水温上限为 $12\sim18℃$，下限为 $2\sim5℃$，一般情况下，产卵前 6 个月的水温不宜超过 $12℃$。如果亲鱼长年生活于 $16\sim18℃$ 的水中，大部分亲鱼的性腺会发育不成熟，或者仅有少量亲鱼成熟，但其卵的质量极差。水中溶氧量要求长年保持在 6 毫克/升以上。pH 在 $7\sim8$。

二、培育方法

（一）亲鱼选择

要求选作产卵繁殖的亲鱼：体质健壮，色彩艳丽，体形正常、无畸形，无病无伤。除哲罗鲑外，鲑鳟亲鱼年龄一般是雌鱼要求 3 龄以上，体重达 1.5 千克/尾以上；雄鱼要求 2 龄以上，体重达 1.3 千克/尾以上；雌鱼：雄鱼为（2～3）：1。性成熟哲罗鲑为 5～7 龄，人工养殖条件下 4 龄可性成熟。性成熟后亲鱼规格达到 5 千克/尾以上。

（二）培育密度

亲鱼的培育密度一般控制在 5～10 千克/米² 水面。为了刺激亲鱼的性腺发育，在亲鱼培育过程中可采用雌、雄鱼混养的方式，仅在产卵前 1 个月进行分养。

（三）饲料投喂

1. 饲料营养要求

由于鲑鳟受精卵是在体外发育，孵化时间长达 40～60 天（孵化水温过低孵化时间会更长），因此要求亲鱼在性腺发育过程中积累大量的营养物质以供给日后胚胎发育。因此，亲鱼的饲料营养要保持平衡，要求有 10 种必需氨基酸，蛋白质含量在 40% 以上，粗脂肪应低于 6%，碳水化合物低于 12%，饲料配方中还必须添加一定数量的多种维生素。

2. 饲料投喂

亲鱼的投饲量不同于商品鱼，要求较严格。投喂量不够，不能满足亲鱼摄食的需要，影响营养物质的储存；投喂过量，不仅浪费饲料，影响水质，还会因为饱食而有碍亲鱼的成熟和卵质量的提高。因此，对亲鱼的投喂量应根据不同时期予以适当控制。

培育前期以育肥为主，加大投喂量使其体重迅速增大，增加怀卵能力，饲料配方中鱼粉要占 50% 以上，脂肪在 8%～10%，每天投喂 2 次，投喂量一般为鱼体重的 1.5%。

产卵前 3 个月逐渐减少投喂量，投喂量一般为鱼体重的 0.7%，同时降低饲料中脂肪和鱼粉的比例，并逐步添加维生素 E。

产卵前 1 个月投喂量降低至亲鱼体重的 0.5%，逐渐减少投喂量，到产卵期日投喂量降至亲鱼体重的 0.3%。同时需要注意的是，对初产亲鱼不宜限制投饵量，否则会减少怀卵量。

（四）水温和水流

鲑鳟适宜的性腺发育水温为 8~13℃，水温过高时会出现异常卵，而且受精卵发眼率显著下降。水温 3℃ 以下时，性腺发育停止，产卵期推迟。据日本资料记载，产卵盛期前 1 个月，虹鳟亲鱼培育池水温应保持在 14.5℃ 以下，水温过高，亲鱼产卵率降低，且受精卵发眼率仅有 30%~50%。同时，适宜的水流量有利于亲鱼的性腺发育和增加培育池的溶氧量，在亲鱼培育过程中，一般在产前加大水流量，有刺激亲鱼性腺发育的作用。

（五）调节光照

按鱼类发育对光照时间要求的不同，可将鱼类分为长日照型和短日照型。鲑鳟是短日照型鱼类，自然条件下，秋、冬季节，随着自然光照时间变短、水温逐日降低，性细胞逐渐发育成熟。人工养殖条件下，人们利用光照变化可以影响鲑鳟性腺发育的特点，通过改变光照时间的方法，实现了控制亲鱼在需要的时期产卵繁殖。例如，虹鳟日照时间在 12 小时以内，性腺发育快，如日照超过 12 小时发育反而变慢。目前，我国和日本等国家已经可以通过控制光照时间实现全年采卵的目标。例如，10—12 月已经采过卵的亲鱼，在翌年 2 月开始对其进行光照控制，到 7—9 月就可以进行再次采卵，这时再次对采过卵的亲鱼进行光照控制，则下一年的春季又可采卵。

调节光照的方法非常简单，首先利用塑料布等材料对亲鱼培育池进行遮光处理，防止自然光线进入；其次在亲鱼培育池上方安装普通灯泡或日光灯等光源，每天控制灯光照射时间由 12 小时逐渐减少至 8~10 小时即可。

第三节 人工繁殖

一、亲鱼的雌、雄鉴别

除哲罗鲑外，大部分鲑鳟性别非常容易鉴别。达性成熟的雌、雄鱼主要区别如下。

（一）成熟雌鱼

头较小，口小，吻端圆钝，上、下颌等长，背部不隆起，体色较淡，腹部大而柔软，生殖孔较为圆钝，性成熟后明显外凸，生殖孔发红。溪红点鲑雌性亲鱼见彩图 8，哲罗鲑雌性亲鱼见彩图 11，细鳞鲑雌性亲鱼见彩图 14。

（二）成熟雄鱼

头较大，口大，吻端较尖，下颌向上弯曲呈钩状，背部略隆起，体色艳丽或发黑，体表彩虹带明显或花纹明显，细鳞鲑、马苏大麻哈鱼等一些种类腹部雄性较雌性颜色黑，腹部消瘦且比较硬，泄殖孔为锥形但凸出不明显，轻挤腹部会有精液流出。溪红点鲑雄性亲鱼见彩图 9，哲罗鲑雄性亲鱼见彩图 12，细鳞鲑雄性亲鱼见彩图 15。

哲罗鲑在性成熟前，雌、雄鉴别较为困难，有经验的生产人员可以通过哲罗鲑头部的形状进行大概的区分，但不是非常准确。达性成熟的哲罗鲑雌鱼腹部较大且柔软，生殖孔较为圆钝；雄鱼主要表现为体形消瘦，腹部较硬，生殖孔为锥形。哲罗鲑无论性成熟与否，在其吻部和体色上雌、雄鱼没有明显的差别。

二、亲鱼成熟度的检查

通常情况下鲑鳟亲鱼性腺发育不同步，因此采卵期大约能延续 2 个月。为了能够及时采卵，防止亲鱼过熟情况发生，每 7～10 天需要对雌性亲鱼进行 1 次成熟度的检查，性成熟的亲鱼要及时采卵。亲鱼每次检查前2～3天，停止投喂，防止亲鱼采卵时粪便进入采卵盆中。

检查时，首先用格筛将鱼驱赶至池的一端（彩图17），用大抄网将鱼捞至鱼夹中，成熟不好的亲鱼，根据成熟度不同放至不同的培育池中继续培育观察。成熟好的亲鱼放入网箱中准备采卵。

（一）雌鱼特征

雌鱼口裂稍小于雄鱼，下颌平直，末端没有钩。完全成熟的亲鱼，腹部膨大、柔软，生殖孔红肿、外凸，将尾柄上提，两侧卵巢下垂，卵巢轮廓明显，轻轻挤压腹部卵粒外流。细鳞鲑雌性亲鱼成熟度检查见彩图18。

（二）雄鱼特征

雄鱼口裂相对较大，下颌稍有弯曲，末端有钩，上翘。成熟的雄鱼体色艳丽，体表粗糙，黏液稍有减少，腹部相对较小、较硬，泄殖孔小，不凸出，周围松软，轻压腹部即有白色精液流出，遇水即散。

三、产卵和授精

除了哲罗鲑和细鳞鲑等之外，其他大部分鲑鳟不需要打催产剂即可自行产卵。这里主要介绍细鳞鲑的人工催产方法和虹鳟、金鳟、硬头鳟等亲鱼的采卵方法。

（一）细鳞鲑的人工催产

野生细鳞鲑最小性成熟年龄雄性为4龄，雌性为5龄。人工养殖条件下，5龄以下的细鳞鲑没有产卵行为。采捕的野生亲鱼至少要在池塘驯化培育1年以上，完全适应人工环境后才能进行催产繁殖。亲鱼体重最好在800～2 500克/尾。长期饲养在适宜生长温度条件下，没有经过越冬期的亲鱼，即使亲鱼年龄和规格达到要求，当年也不能进行催产。

为便于集中采卵，对于成熟度一般的亲鱼可采用人工激素早期催熟的办法。激素采用促黄体素释放激素类似物（LRH-A$_2$），按照不同发育程度，每千克亲鱼注射 1～2 微克催熟。成熟较好的亲鱼一次性注射激素催产，激素采用 LRH-A$_2$＋地欧酮（DOM），剂量分别为 2.5 微克/千克和 2.5 毫克/千克。生理盐水配制，每尾 2 毫升，胸鳍基部注射。效应期后根据成熟情况每 2～3 天检查一次。雄鱼一般不催产。干法人工授精，室内孵化，避免阳光直射。前期孵化采用桶式流水孵化，孵化水温稳定在 7～10℃。当积温达到 150℃时出现眼点。发眼后移入平列槽。发眼后 15 天左右，当积温达到 200℃时孵化出仔鱼，进入仔鱼培育阶段。

（二）前期的准备工作

当产卵期到来前 3～4 周，就要做好采卵和受精卵孵化的准备工作。可用白搪瓷盆作为采卵受精盆，此外，要准备白毛巾、医用纱布、羽毛、显微镜、烧杯、量筒等工具。同时，要配制好等渗液，配制方法为：氯化钠 90.4 克、氯化钾 2.4 克、氯化钙 2.6 克，依次溶于 10 升水中，在 4℃以上保存，其作用是溶解破卵中流出的卵黄蛋白，提高发眼率。

（三）采卵和人工授精

采卵前首先要把孵化室打扫干净，进行消毒，并准备好暂养池、采卵盆、羽毛和干净的毛巾等工具。

1. 操作方法

首先整个采卵和人工授精过程应在无直射光条件下进行，其次采卵时要把鱼体擦拭干净，避免来自鱼体的水滴和任何杂质进入采卵盆。采用干法授精，先采卵。采卵时，一手用白毛巾握住雌鱼尾柄，使泄殖孔直对脸盆，一手轻压泄殖孔前方的腹部，成熟卵随之顺势流出。采卵动作要轻快，尽量不使亲鱼受伤。采到成熟卵后，立即用等渗液洗去破卵和尿液，再倒入搪瓷盆，同时快速把精液挤于卵子表面，一般 4～6 尾雌鱼卵用 2～3 尾雄鱼的精液。北极红点鲑人工采卵见彩图 6，北极红点鲑人工授精见彩图 7。

2. 注意事项

①日本对虹鳟的采卵试验表明，如果正常卵混入 3％以上的破卵则完全不能受精，混入 1.2％则受精率在 10％以下。要达到 80％以上的受精率，混入破卵的比例要控制在 0.15％以下。由于破卵中流出的卵黄物质不溶于水，可溶于盐类溶液，因此，在人工授精前要先用渗透压与卵相等的盐溶液洗去卵中流出的卵黄物质，然后再加入精液使之受精。②为了节省精液，也可预先把精液储于量筒中，人工授精时，每 1 万粒卵用 10 毫升精液，用羽毛搅拌 30 秒，使精卵充分接触，接着再加入少量等渗液或清水，均匀而快速地搅拌 1～2 分钟，完成受精过程。随后加入清水清洗 2～3 次，清洗过量的精液和卵皮等，清洗完毕后加入大量清水，静水 30～40 分钟，让其充分吸水，膨胀后，拣去死卵（白色）即可倒入孵化器内进行孵化。③为了提高受精率，刚采到的卵，切不可遇水，而且每次采卵和人工授精的时间不应超过 2 分钟。成熟卵采出后，无论在空气中停留或在水和等渗液中，其浸泡的时间越长，发眼率越低。卵受精前对水最为敏感，入水 0.5 分钟发眼率就降至 52.38％，2 分钟为 30.14％；在空气中暴露 0.5 分钟发眼率为 94.18％，2 分钟为 82.71％；在等渗液中放置 0.5 分钟发眼率为 100％，2 分钟为 92.61％。

同时需要注意，亲鱼离水 5 分钟以上容易死亡，因而要尽量缩短采卵时间，采卵后的亲鱼要立即放入流水池中，并加大水流，提高水体中溶氧量，使亲鱼能尽快得到缓解。

（四）几种采卵方法

1. 麻醉采卵法

当亲鱼个体较大时，为防止亲鱼挣扎而导致受伤，便于顺利采卵，一般采用麻醉剂（乙醚、丁香酚或 MS222）麻醉的方法，这样对亲鱼和鱼卵都不会造成伤害。具体操作方法是：先在一个较大的容器中准备好清水，调好适量的麻醉剂，然后把亲鱼放入容器中，3～5分钟后亲鱼就会失去知觉。这时开始采卵既不会伤鱼，也不用费力，可以大大提高效率，鱼卵和亲鱼产后的成活率都很高。采完卵后，再将亲鱼放回清水池中，5分钟后就可以苏醒过来。采用乙醚麻醉细鳞鲑见彩图19。

表3-1为试验水温在7℃的情况下，不同浓度的乙醚麻醉结果。

表3-1 乙醚麻醉试验结果

	200毫克/升		250毫克/升		300毫克/升		400毫克/升	
	麻醉时间（分钟）	苏醒时间（分钟）	麻醉时间（分钟）	苏醒时间（分钟）	麻醉时间（分钟）	苏醒时间（分钟）	麻醉时间（分钟）	苏醒时间（分钟）
	7.0	1.0	3.0	2.5	3.0	2.0	2.5	3.0
	8.0	1.5	4.5	1.5	3.0	3.0	2.0	3.5
	6.5	2.5	5.0	3.0	3.5	3.0	2.5	3.0
	7.0	3.0	3.5	4.0	3.5	3.5	2.5	4.0
	5.5	2.5	4.0	5.0	4.0	3.0	2.0	3.0
平均	7.0	2.1	4.0	3.2	3.5	3.0	2.5	3.3

2. 空气采卵法

日本于1979年以前采用麻醉采卵法对亲鱼进行采卵，近年来普遍采用空气采卵法。该方法的优势是采卵彻底，亲鱼不易受伤，并且卵不易破裂，效果比较理想；缺点是操作比较麻烦。采卵的方法如下。

选择成熟的雌、雄亲鱼，用干毛巾擦干亲鱼体表的水，然后放在采卵架上，腹部朝下，采卵架下面放置接卵盘收集鱼卵。开动空气压缩机，将连接胶管的注射器朝亲鱼头部方向，以45°角方向刺入腹鳍后方的腹部，针头刺入鱼体1.5～2厘米，以免刺入过深伤及亲鱼内脏。空气通过胶管进入鱼体，在空气压力的作用下，成熟的卵顺着生殖孔排出体外。产后亲鱼通过管道头朝下扎入产后亲鱼培育池水中，再反冲上来便能把体内残存空气排出体外。虹鳟亲鱼空气采卵见彩图20。空气采卵法与常规采卵法比较结果见表3-2。

表 3-2　空气采卵法与常规采卵法采卵法对比

项目	空气采卵法	常规采卵法	备注
亲鱼数量（尾）	30	30	3 龄亲鱼
平均采卵数量（粒/尾）	5 614	4 648	
死卵和不受精数量（粒）	39 037	31 695	
采卵数量（粒）	168 411	139 429	
发眼卵数量（粒）	129 347	107 734	
发眼率（%）	78.07	77.90	
残卵率（%）	0.3～4.6	5.7～19.7	2～4 龄鱼统计

（五）亲鱼个体大小与怀卵量的关系

亲鱼的怀卵量多少及其卵径大小与亲鱼品种、鱼体大小和年龄有关。一般情况下，亲鱼个体越大、年龄越大，产卵量就越多，且卵粒较大。卵径大小与孵出仔鱼的大小成正比。比如，卵径为 3.5毫米，孵出仔鱼全长为 12 毫米；卵径为 7 毫米，孵出仔鱼全长为20 毫米。不同体重虹鳟亲鱼怀卵量和卵径情况见表 3-3。

表 3-3　不同体重虹鳟亲鱼的怀卵量和卵径情况

体重（千克）	0.5	0.9	1.5	2.1	2.8	3.5	4.2
怀卵量（粒）	1 000	2 000	3 000	4 000	5 000	6 000	7 000
相对怀卵量（粒/克）	2.0	2.2	2.0	1.9	1.8	1.7	1.66
卵径（毫米）	4.0	4.5	5.0	5.5	6.0	6.5	7.0

（六）受精卵的计数

通常要对所采得的卵进行计数。常见的卵计数方法是将卵逐个排列在呈角铁状的卵计数尺上，先测出 20 厘米长度的卵粒数，对照 Bayer 虹鳟卵的计数表（表 3-4），即可获得每升的卵粒数，再根据每次采卵的实际容积，乘以每升卵粒数，即可得到每次的实际卵数。虹鳟卵计数查对表通常也适用于其他鲑鳟品种。受精卵计数方法见彩图21，虹鳟卵的计数情况见表3-4。

表3-4　虹鳟卵计数表

计数尺20厘米所载卵粒数（粒）	对应卵径（毫米）	每升卵粒数（粒）
50	4.00	18 400
48	4.16	16 400
46	4.34	14 400
44	4.54	12 500
42	4.76	10 800
40	5.00	9 400
38	5.26	8 000
36	5.55	6 900
34	5.88	5 800
32	6.25	4 900
30	6.66	4 000
28	7.14	3 200

（七）产后管理

由于大部分鲑鳟亲鱼比较容易得到，使得我国大部分鲑鳟苗种繁育场对亲鱼的产后管理不够重视，亲鱼产后死亡率高，出现浪费亲鱼资源的现象。按目前情况看，较好的繁育场产后亲鱼死亡率在20%左右，有些繁育场产后亲鱼死亡率甚至达到50%以上。国内尚未发现有关鲑鳟亲鱼产后管理方面的报道，笔者根据多年的实践经验，提出对鲑鳟亲鱼产后管理的建议和措施。

部分资料报道鲑鳟产后死亡率较高属正常现象，是由于鲑鳟本身的特点决定的。而在多年的生产实践中发现，除银鲑产后全部死亡外，其余品种的亲鱼如果管理得当是可以避免高死亡率的。

刚完成人工繁殖的亲鱼，由于离水时间较长，体力消耗很大，体质比较弱，可以先放入水质清澈，池底没有沉淀物，溶氧量高于8毫克/升的水体中，待亲鱼体质稍恢复后再放入亲鱼培育池。

产后亲鱼培育池应选择建在上游，鱼池的进、排水口水流要尽量平缓，不要形成急流，以减少鱼体的能量消耗。产后亲鱼投放到鱼池时动作要轻缓，发现亲鱼在池内平躺现象，要轻轻拨动鱼体，使其恢复平衡状态，慢慢游动，避免长时间失衡导致亲鱼体内平衡系统紊乱。同时，要适当降低亲鱼的放养密度。

由于产后亲鱼体质较弱，易受病菌侵蚀，要在饲料中定期添加抗生素和维生素防止鱼病发生。在饲料投喂方面，营养要比平时更丰富，最好投喂一些容易消化吸收的饲料，投喂时要比平时更细心、耐心投喂，尽量保证产后亲鱼尽快摄食，加快亲鱼体质恢复。

四、受精卵的孵化

（一）受精卵发眼前的孵化

1. 孵化设备

受精卵孵化设备有多种样式，目前国内、外常用的有如下几种。

（1）阿特金氏孵化器　这是一种卧式孵化器，在日本使用较多。由孵化槽、孵化盘和孵化盘支架组成，孵化槽为木制，200厘米（长）×40厘米（宽）×30厘米（高）。最大孵化能力为14万粒鱼卵。该孵化器的孵化率高，适于自流水孵化，但用水和占地面积大，管理不方便。

（2）立式孵化器　该孵化器130厘米（长）×50厘米（宽）×47厘米（高）。最大孵化能力为18万粒鱼卵，并且可供孵出仔鱼在原处继续饲育。该孵化器孵化率高，占地面积小，管理方便，但用水量大，需要水泵提水。

（3）桶式孵化器　该孵化器桶高27厘米，上口内径为27.5厘米。离桶底部3.5厘米处固定一块直径22厘米、厚2厘米的多孔塑料板（挡卵板），塑料板上凿有许多直径为3毫米的圆眼。在塑料板的中央竖插入一根内径为 3.2 厘米、高 29 厘米的塑料管。此孵化器可孵卵 3 万~5 万粒。其特点是占地面积小，孵化用水可得到充分利用，孵化效率高，目前在北京地区广为使用。

(4) 平列槽 这是一种用玻璃缸制成的仔鱼饲育槽。上口长 3 米，宽 42 厘米；底长 2.98 米，宽 40 厘米；槽高 17 厘米。槽内有一个直径为 5 厘米，可上、下活动调节槽内水位的排水管。可放养仔鱼 1 万~2 万尾。

2. 孵化条件

(1) 水质条件 孵化用水要求水质澄清，无杂质和悬浮物，鲑鳟孵化最适的水质指标见表 3-5。

表 3-5 鲑鳟适宜的水质指标

指标	最佳值	指标	最佳值
色度	<20 度	生化需氧量	<10 毫克/升
透明度	清澈透明	氨氮	<0.007 5 毫克/升
溶解氧	6~10 毫克/升	氯化物	<5.0 毫克/升
游离二氧化碳	<30 毫克/升	亚硝酸盐	<0.5 毫克/升
硫化氢	0 毫克/升	硝酸盐	<1.0 毫克/升
pH	6.5~6.8	磷酸盐	<0.2 毫克/升
碱度	<1.5 摩尔/升	硫酸盐	<5.0 毫克/升
总铁	<1.0 毫克/升	悬浮物	<15 毫克/升
总硬度	8°~12°[①]		

注：①总硬度单位为德国度，以每升水中含 10 毫克 CaO 为 1°。

(2) 孵化温度 大部分鲑鳟品种受精卵孵化的适宜水温为 7~13℃，最适水温为 9℃。溪红点鲑和北极红点鲑受精卵孵化的适宜水温为 5~7℃，温度低于 5℃，受精卵发眼率降低，孵化期延长，畸形率增加。水温 12℃ 以上，受精卵发眼率降低，畸形率更高。在适宜水温范围内，随着水温提高而孵化时间缩短。几种鲑鳟适宜的孵化温度见表 3-6。

表 3-6　几种常见鲑鳟适宜的孵化温度

品种	适宜孵化温度（℃）
虹鳟	10～12
金鳟	10～12
硬头鳟	10～12
大西洋鲑	10.0～12.5
北极红点鲑	5～7
溪红点鲑	5～7
哲罗鲑	8～11
细鳞鲑	8～11

（3）**溶解氧需求**　鲑鳟受精卵孵化对水中溶氧量的要求比常见鱼类高一些，要求孵化器出水口溶氧量不低于 6 毫克/升。溶氧量过低，对受精卵胚胎发育不利，即使孵出，也会出现大量的身体萎缩、脊椎骨异常等症状的畸形苗。溶氧量与孵化时间也有关，溶氧量低，孵化时间也会延长。

3. 孵化管理

（1）**水流量**　如采用阿特金氏孵化器，每 10 万粒卵注水量为 20～40 升/分钟。采用立式孵化器，每 10 万粒卵注水量为 15～20 升/分钟。孵化盘面积占孵化水体面积的 50%，每平方米孵化盘约放鱼卵 2 万粒。孵化盘中不可有死角，以盘中的受精卵不叠压为宜。笔者在北京市水产科学研究所的冷水鱼基地进行虹鳟、硬头鳟、北极红点鲑等品种的受精卵孵化，采用桶式孵化器，每桶放卵 2.0 万～2.5 万粒，水交换量为 18～20 次/小时，保持孵化桶内溶氧量在 9 毫克/升，取得了较好的孵化效果。桶式孵化器的结构如图 3-2 所示。

（2）**遮光处理**　在整个孵化过程中，受精卵对光线非常敏感，孵化场地要用黑色薄膜遮光。

（3）**敏感期**　受精卵在胚胎发育过程中，对外界环境刺激比较敏感，根据其胚胎发育特点和对外界刺激反应的敏感性，可将胚胎

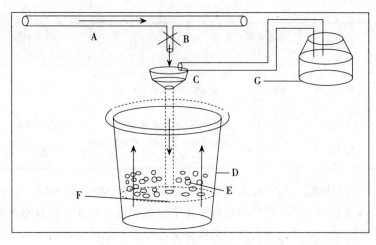

图 3-2　桶式孵化器结构示意

A. 进水管　B. 阀门　C. 漏斗　D. 孵化桶　E. 受精卵　F. 挡卵板　G. 消毒桶

发育分为 6 个时期，分别为：胚盘形成期、卵裂期、胚环和胚盾出现期、体节分化期、发眼前期、发眼期。其中胚盘形成期、胚环和胚盾出现期、体节分化期对外界机械刺激比较敏感，也叫危险期，要保持环境处于绝对安静，以便胚胎发育顺利进行，受精卵发眼。度过危险期后要上移到苗种培育池的孵化盘中继续孵化或安排受精卵销售运输等工作，在此期间要及时地拣除死卵并详细计数，在破膜期停止拣卵的操作。表 3-7 为虹鳟受精卵在不同发育阶段的特点及对外界刺激的敏感程度。

表 3-7　虹鳟受精卵不同发育阶段的特点及对外界刺激的敏感程度

发育期	累积温度（℃）	胚胎发育特点	对外界刺激的敏感性
胚盘形成期	0～2	卵充分膨胀，形成胚盘，油球集中于动物极	不很稳定
卵裂期	2～47	细胞不断分裂，分裂球不断变小，末期出现囊胚腔	较为稳定
胚环和胚盾出现期	47～52	胚盘直径扩大	敏感性增高

（续）

发育期	累积温度（℃）	胚胎发育特点	对外界刺激的敏感性
体节分化期	52～104	胚体动物极向植物极外包，末期囊胚层全部包围了卵黄囊，胚孔封闭	最不稳定
发眼前期	104～107	形成尾芽，开始血液循环	敏感性降低
发眼期	107～343	血液循环加强，胚体扭动次数增加，出现眼点	稳定

受精卵吸水后，在水温为 4～8℃条件下可运输 48 小时，这期间运输是安全的。受精卵发育至体节分化期后，对外界刺激的敏感性急剧增高，在此发育阶段应保证受精卵处于绝对安静状态。进入发眼期的受精卵称为发眼卵，累积温度在 220℃左右，对外界刺激的敏感性最低，是胚胎发育阶段的安全期，此时可以进行挑卵操作和进行长途运输。

（4）消毒处理 受精卵在孵化期间易受水霉病的侵袭，自受精翌日起，每隔 1 天要用浓度为 500～800 毫升/米^3 的福尔马林溶液消毒 1 次，具体方法见图 3-3。

图 3-3　受精卵孵化期间的消毒处理

（5）**受精率的统计**　受精卵发育累积温度达到 110℃时，即可进行受精率的统计。方法为任意取一定数量的受精卵放入盛有鉴别溶液的培养皿中，经 5 分钟后即可鉴别，肉眼观察有白色线状胚体的卵为受精卵，一般观察两次，取平均数为受精率。鉴别液的配制方法见表 3-8。

表 3-8　鲑鳟卵受精率鉴别液配方

配方 1		配方 2	
药品名称	剂量	药品名称	剂量
福尔马林	5 毫升	氯化钠	7 克
甘油	6 毫升	冰醋酸	50 毫升
冰醋酸	4 毫升	蒸馏水	1 升
蒸馏水	85 毫升		

（二）发眼卵的孵化

正常孵化条件下，大部分鲑鳟受精卵孵化累积温度达到 160～180℃，溪红点鲑、北极红点鲑受精卵孵化累积温度达到 210～230℃时，肉眼可明显看到胚体眼泡中形成两个黑色眼点，即受精卵进入发眼期，从眼点出现到孵出前的卵叫作发眼卵。发眼卵的孵化有别于受精卵发眼前的孵化。

1. 发眼卵的挑选

受精卵发育至发眼期后要进行挑卵，其目的是捡出没有受精和孵化期间死亡的卵，降低水霉病的传染概率，提高受精卵的孵化率。挑卵操作要在流水中进行，正常发眼卵移入孵化槽或孵化池中继续孵化，直至孵化出稚鱼。拣卵工具都是用竹胚子自制的，长短如同筷子，厚度为 1～2 毫米，做成镊子形状，前段削成薄片或绑上用细铁丝做成直径略小于卵径的圆环。

拣出的正常发眼卵移入孵化槽或孵化池中继续孵化，直至孵化出稚鱼。采用平列槽方式孵化发眼卵见彩图 22。

2. 日常管理

①大部分鲑鳟发眼卵孵化的最适水温为 9℃，溪红点鲑、北极红点鲑最适宜的孵化水温为 5～7℃。②发眼卵对光线照射的抵抗力很弱，明亮光线照射数小时就会致死，因此发眼卵孵化期间要采取相应的避光措施。③受精卵发眼后耗氧能力增强，即使短时间停水，也会因发眼卵过于密集而造成缺氧窒息，因此发眼卵孵化期间应加大水流量。④在发眼卵孵化过程中，要及时拣除死卵并详细计数，防止死卵滋生水霉病而传染正常发育的受精卵。拣除死卵时不要伤及好卵，并避免震动，以免影响胚胎发育。⑤破膜前，要适当搅动孵化盘中水体，保证盘中卵不重叠积压。破膜后，带有卵黄囊的稚鱼沉到水底。此时可撤掉孵化盘，并清洗干净备用。同时，破膜期间氧的消耗量较大，应适当加大水交换量。

（三）成熟卵受精后至发育各阶段的累积温度

不同的品种，受精卵发育至发眼、孵化出仔鱼和上浮开口所需的累积温度是不同的，即使是同一品种，由于孵化温度的不同，其发育至各阶段的累积温度也不同。表 3-9 是不同品种受精卵发育至各阶段所需的累积温度。

表 3-9　不同品种鲑鳟成熟卵受精后至发育各阶段的累积温度

发育阶段	发眼（℃）	孵化（℃）	上浮（℃）
虹鳟	160～180	320～360	600～640
金鳟	160～180	320～360	600～640
硬头鳟	160～180	320～360	600～640
溪红点鲑	220～270	440～490	690～740
北极红点鲑	220～270	440～490	690～740
哲罗鲑	150～190	260～300	470～500
细鳞鲑	130～150	190～210	330～360

（续）

发育阶段	发眼（℃）	孵化（℃）	上浮（℃）
大西洋鲑	210～220	420～440	670～720
日光白点鲑	230～310	460～620	860～980
河鳟	230～310	460～620	860～980

（四）不同鲑鳟品种的受精卵发育至各阶段的成活率

鲑鳟受精卵发育至各阶段的成活率是不同的，其主要原因是鲑鳟品种、亲鱼产地、亲鱼发育成熟程度、受精卵孵化水温及水质条件、操作方法等方面的差异造成的。表 3-10 为从不同参考文献得出不同品种的受精卵孵化至稚鱼开口前的成活率。

表 3-10　不同鲑鳟品种在受精卵孵化至稚鱼开口前的成活率的情况

品种	阶段			
	1	2	3	4
褐鳟	—	97.1	90.5	94.1
虹鳟	75.1	87.8	96.4	98.9
虹鳟	98.4	88.8	80.3	95.1
虹鳟	95.8	86.9	91.7	96.6
溪红点鲑	85.8	82.7	90.1	95.2
溪红点鲑	—	72.2	97.3	93.1
溪红点鲑	—	75.3～90.5	78.7～89.2	—
溪红点鲑	82.5	85.8	85.7	90.3

注：1 指受精卵至孵化 36 小时；2 指孵化 36 小时至发眼阶段；3 指发眼阶段至孵出；4 指孵出至上浮。

（五）受精卵规格对苗种成活率及生长速度的影响

一些研究者认为，受精卵的粒径的大小不仅影响了仔鱼的成活率，同时影响了仔鱼后期的生长，而有一些学者认为受精卵粒径的大小至少在受精卵孵化成活率上没有影响，例如，Springate 和 Bromage 于 1985 年报道，虹鳟受精卵规格对受精卵成活率、发眼率和孵化率乃至对仔鱼和 1 龄幼鱼都没有相对应的关系。同样，J. nsson 和 Svavarsson 于 2000 年对大西洋鲑的研究也没有发现受精卵规格与从受精卵到开口阶段的成活率有相对应的关系，但暗示可能会影响到后代的成活率。受精卵的大小可以确定与刚刚开口的仔鱼的重量有重要的关系，有研究证明，受精卵的规格可以对仔鱼的生长速度产生有益的影响，即较大规格的受精卵能够孵化出较大的仔鱼和较大的卵黄囊，这些可以对仔鱼以后的发育产生有益的影响。还有研究证明，受精卵规格不同对苗种以后 2 个月的生长也会产生不同的影响，但据 Springate 和 Bromage 报道，这种影响会在苗种 4～5 个月后逐渐消失。表 3-11 为溪红点鲑不同规格受精卵与苗种生长速度的关系。

表 3-11　不同规格的溪红点鲑受精卵与苗种生长率的关系

日期	温度（℃）		卵规格 4.1 毫米	卵规格 4.6 毫米
4 月 1 日	9.50 ± 1.15	W (n)	62.4 (687)	93.1 (597)
4 月 16 日	（8.0～12.5）	SGR	4.71	3.98
	12.37 ± 1.44	W (n)	126.5 (675)	169.8 (529)
4 月 30 日	（9.0～14.5）	SGR	3.14	4.59
	12.05 ± 2.17	W (n)	202.5 (432)	337.9 (435)
5 月 20 日	（8.0～14.5）	SGR	5.67	5.56
	14.50 ± 1.45	W (n)	630.0 (432)	1 029.0 (434)
6 月 3 日	（12.0～17.0）	SGR	2.84	3.54
		W (n)	937.0 (428)	1 690.0 (418)

注：W 表示重量（毫克）；n 表示尾数；SGR 表示生长率（％）。

五、发眼卵的运输

鲑鳟受精卵孵化期很长，又处在低温的季节，比较易于运输。特别是受精卵在发眼后，对环境条件刺激（如机械刺激）反应迟钝，此阶段是运输的最佳时机，可以进行长距离运输。进行运输时，运卵箱要求轻巧，保温，保湿，便于携带，通常采用聚苯乙烯发泡箱。箱内四周放置湿润的海绵以保湿。每箱可装孵化盘 5～7 个，每盘盛卵 2 000～2 500 粒，上盖湿纱布 1 块。最上层和最低层的盘，不宜装卵，可放置碎冰块，以降低箱内温度。运到目的地后，要等到箱内温度和孵化池水温接近，温差小于 2℃时，才可将受精卵入池孵化。

在 5～8℃气温下，发眼卵可安全运输 5 昼夜，当运输时间长或气温高时，应适时检查冰块融化情况，并及时补充，运输成活率可达 90% 以上。发眼卵运输包装见彩图 23。

第四章　鲑鳟高效生态养殖技术

第一节　苗种培育技术

鲑鳟的苗种培育的管理可分为上浮仔鱼期、稚鱼培育期、鱼种培育期三个阶段，培育期间要根据苗种不同阶段的生理要求，进行不同的操作管理。

一、上浮仔鱼期

上浮仔鱼期是指从鱼苗孵出至开口摄食的这一时期。上浮仔鱼的大小随鲑鳟品种和受精卵规格的不同而不同；一般情况下，卵径大则孵出仔鱼规格大，卵径小则孵出仔鱼规格小，一般仔鱼全长为15～28毫米，体重70～250毫克。由于仔鱼孵出和上浮的时间参差不一，因此要及时将上浮仔鱼从平列槽中移入仔鱼培育池，若条件许可，也可在平列槽内饲养2～3周，再移入仔鱼培育池。此阶段是影响鲑鳟苗种培育成活率的关键时期，稍有疏忽就可能前功尽弃，仔鱼培育见彩图24。具体操作方法如下。

（一）设置掩蔽物

仔鱼培育设施一般采用丹麦平列槽培育。

刚孵出的仔鱼很娇弱，喜暗，活动缓慢，全部斜卧池底，此时须在池底铺设一层掩蔽物，面积为苗种培育池的1/2～1/3。掩蔽物材料一般为橡胶或塑料的平板，下面用立柱将平板支撑起来，平板上要有均匀分布的小孔。每个平板之间要有间隙，以便水流畅通，掩蔽物的作用是将仔鱼分散，降低由于仔鱼过度聚集而造成的局部缺氧死亡现象。

（二）营养来源

仔鱼刚孵出至上浮以前，其营养来源于自身的卵黄囊，此时不需投喂任何饵料。

（三）水流量

刚孵出的仔鱼活动缓慢，常集群，可能造成养殖池局部缺氧。因此，该阶段要加大水流量，防止鱼苗缺氧死亡，但不能造成鱼苗顶流困难。

（四）日常管理

主要是要经常检查鱼苗培育池，及时清除死苗，避免堵塞排水口，保持饲育环境的清洁卫生。日常管理从以下几个方面进行。

仔鱼开口时间一定要准确把握，这是保证仔鱼阶段成活率的关键。投喂早了，饲料污染水质，提前清池又会伤害鱼苗；投喂晚了，影响鱼的摄食驯化，导致开口后相当长的一段时间里鱼苗摄食不好，影响生长和成活率。鱼苗开口后要及时投喂，诱导上浮仔鱼从外界摄取营养。

可以从以下几个方面综合判断仔鱼开口时间：①大部分鲑鳟仔鱼开口后要上浮，当孵化水体中仔鱼上浮率达到50%时，意味着一部分仔鱼已经开口。②同时应注意，北极红点鲑、溪红点鲑、白点鲑、河鳟等鱼苗开口并不上浮，有经验的养殖者可根据鱼苗卵黄囊的大小和体色来判断，通常在卵黄囊吸收2/3，开始正常的腹背游泳，游动时偏向一方的时候，鱼苗即可开口，可以开始投喂饲料。

二、稚鱼培育期

稚鱼期是指从鱼苗上浮开口到培育5个月，鱼苗规格达到10克/尾左右的阶段。从鱼苗开口至培育1个月左右，是鲑鳟养殖过程中难度最大的阶段，也是技术性最强的时期，此阶段既要注意鱼苗的成活率又要考虑到鱼苗的生长速度。该期的管理工作除了调控水温、水量和清洁育苗池以外，驯食和投喂最为关键。主要管理措施如下。

（一）管理措施

1. 稚鱼培育池的处理

稚鱼进入培育池前需对鱼池做彻底地清刷、消毒。一般是清刷后用漂白粉或用高锰酸钾进行 24 小时浸泡消毒。放入稚鱼前要在育苗池的注水口安装防野杂鱼进入的拦鱼栅或接水槽，在排水口安装用铁丝网或尼龙网制作的防逃闸门，用软泡沫堵塞闸门槽间隙，严防鱼苗逃逸。稚鱼培育见彩图 25。

2. 苗种放养

仔鱼上浮开口后可使用玻璃缸或小型水泥池进行培育，面积以 $1\sim5$ 米^2，水深 0.3 米^2 为宜。玻璃缸内放养密度为 10 000 尾/米^2，在水泥池中放养密度为 5 000 尾/米^2。为防止鱼苗扎堆造成局部密度过大，鱼池底部可适当放置格筛或隐蔽物。

3. 水温、水量、光照的调控

稚鱼培育适宜的水温为 $8\sim18℃$，放养密度为 50 000 尾/米^{2}时，适宜的流水量为 60 升/分钟，随着稚鱼的长大逐渐增加到 $120\sim180$ 升/分钟。刚上浮仔鱼不喜强光，应注意避免阳光直射，后期则无需遮光。

4. 稚鱼对溶氧量的需求

溶解氧的含量是决定稚鱼放养密度的主要依据。稚鱼培育期间要求排水口的溶解氧含量不低于 6 毫克/升。在养殖水温适宜的情况下，培育池中溶氧量一般通过供水量来控制，也可以根据养殖鱼类的耗氧量和养殖池供水的含氧量来估算培育池的溶氧量。表 4-1 为不同规格虹鳟在不同水温条件下的耗氧量，以供参考。

表 4-1　不同规格虹鳟在不同水温条件下的耗氧量

水温（℃）	耗氧量［毫克/（千克·小时）］				
	1 克	2 克	5 克	10 克	25 克
5	86.8	79.8	70	63.7	54.6
7.5	122.5	112.7	99.4	90.3	76.3
10	156.8	143.5	126.7	117.6	97.3
15	223.3	205.8	183.4	166.6	143.5
20	285.6	263.9	235.2	213.5	184.8

（二）饲料的选择和投喂

1. 饲料的选择

鲑鳟稚鱼越小，对饲料中的蛋白质需求量越高，饲料转换率越高。随着稚鱼的生长，可逐渐减少饲料中动物蛋白质的含量，逐渐增加植物蛋白质的比例。鲑鳟开口最好使用配合饲料，如果条件不具备，也可以自制饲料，但自制饲料的原材料要保证质量，特别是要添加鱼用多种维生素、鱼油、鲜鸡蛋和奶粉，饲料粒径要适口。目前市场上除虹鳟外，其他鲑鳟品种尚未有专门的配合饲料，均用虹鳟配合饲料代替。对于一些名贵品种，开口料最好选择进口专用料，随着鱼体规格长大逐渐过渡到国产饲料。表 4-2 为虹鳟稚鱼的饲料营养指标。

表 4-2　虹鳟稚鱼的饲料营养指标

饲料营养成分	营养指标
蛋白质（%）	46.5
脂肪（%）	9.0
灰分（%）	14.5
含水量（%）	8.6
无氮浸出物（%）	20.6
纤维素（%）	1.0

（续）

饲料营养成分	营养指标
钙（克/千克）	36.8
磷（克/千克）	20.7
赖氨酸（克/千克）	26.0
蛋氨酸（克/千克）	11.0
1千克饲料的热能（千焦）	12 118
蛋白质能量比	6.1∶1

配合饲料存储时间不宜过长，最好不要超过2个月（从饲料加工之日算起）。存储时间过长，配合饲料中的脂肪会发生过氧化物氧化和脂肪酸的水解，导致饲料变质，丧失营养价值，还会产生毒性，破坏饲料中的维生素、类胡萝卜素及部分必需脂肪酸。

2. 饲料投喂

（1）**投喂量**　刚上浮的稚鱼处于被动摄食状态，尚未建立摄食条件反射，此时应将开口饲料均匀地撒在全池水中，形成一层饲料薄膜，以便所有稚鱼均能摄食饲料。通常每天投喂6～8次，持续时间为7天左右，7天后稚鱼逐渐形成摄食的条件反射，可逐渐转为定点投喂。当全部稚鱼正常摄食后，按照正常投饵率确定投喂量。表4-3为不同规格的虹鳟稚鱼在不同水温条件下的投饵率。

表4-3　不同规格的虹鳟稚鱼在不同水温条件下的日投饲率

水温（℃）	日投饲率（%）					
	23～39 克（12.5～15.0 厘米）	39～62 克（15.0～17.5 厘米）	62～92 克（17.5～20.0 厘米）	92～130 克（20.0～22.5 厘米）	130～180 克（22.5～25.0 厘米）	>180 克（>25.0 厘米）
2	0.8	0.7	0.6	0.5	0.5	0.4
3	0.9	0.7	0.6	0.6	0.5	0.4

（续）

水温 （℃）	日投饲率（%）					
	23～39 克 （12.5～15.0 厘米）	39～62 克 （15.0～17.5 厘米）	62～92 克 （17.5～20.0 厘米）	92～130 克 （20.0～22.5 厘米）	130～180 克 （22.5～25.0 厘米）	＞180 克 （＞25.0 厘米）
4	1.0	0.8	0.7	0.6	0.6	0.5
5	1.1	0.9	0.8	0.7	0.6	0.5
6	1.2	1.0	0.8	0.8	0.7	0.6
7	1.3	1.1	0.9	0.8	0.8	0.7
8	1.4	1.2	1.0	0.9	0.8	0.7
9	1.5	1.3	1.1	1.0	0.9	0.8
10	1.6	1.4	1.2	1.1	0.9	0.8
11	1.7	1.5	1.3	1.1	1.0	0.9
12	1.8	1.6	1.4	1.2	1.1	1.0
13	2.0	1.7	1.5	1.3	1.1	1.1
14	2.1	1.8	1.6	1.4	1.2	1.2
15	2.3	1.9	1.7	1.5	1.3	1.3
16	2.5	2.0	1.8	1.6	1.4	1.3
17	2.7	2.1	1.9	1.7	1.5	1.4
18	2.8	2.2	2.0	1.8	1.6	1.5
19	3.0	2.3	2.1	1.9	1.7	1.6
20	3.2	2.5	2.2	2.0	1.8	1.7

注：硬颗粒饲料是根据鱼体重和水温确定的，以体重百分率表示日投饲率。

（2）**饲料规格** 进行鲑鳟稚鱼培育，饲料粒径要合适，饲料粒径过大，稚鱼吃不到，不但造成饲料浪费，而且剩余饲料还会污染苗种培育水体；饲料粒径过小，不但会导致稚鱼吃不饱，还会因为有大量饲料剩余而污染苗种培育水体。饲料粒径过大或过小，都会造成饲料浪费，引起稚鱼培育成活率低下，直接影响养殖效益。表4-4 为不同规格的虹鳟稚鱼与饲料粒径的关系。

表 4-4　不同规格虹鳟稚鱼与饲料粒径的关系

饲料形态	粒径（毫米）	鱼体规格	
		体长（厘米）	体重（克）
破碎粒	0.5	3.0	0.3
	0.8	3.0～4.2	0.3～1.0
	1.2	4.2～5.5	1.0～2.0
	2.0	5.5～7.0	2.0～5.0
颗粒	2.5	7.0～9.0	5.0～10.0

（三）日常管理

稚鱼培育日常管理应主要注意做好以下工作：①由于进水口拦网的网眼较小，要经常检查，定时刷网清污，保持水流通畅。②保持培育池环境整洁，每天对池底的淤积物彻底清除一次。③每10～15天使用盐度为 10 的氯化钠溶液对稚鱼浸泡30～60 分钟进行消毒。

（四）分级、分池培育

苗种及时分级、分池是苗种培育管理的重要工作。因为鱼苗个体生长差异较大，如不及时分级，大的个体抢食凶猛，生长越来越快，而小的个体因抢不到食物，生长缓慢。有些凶猛品种还会出现大鱼蚕食小鱼的现象。分级工作一般在鱼体达 5 克/尾以前筛选1～2 次，5～20 克/尾期间每 20～30 天筛选 1 次，将不同个体大小的鱼苗分开饲养，同时降低放养密度。表4-5 为不同水温条件下每10万尾虹鳟所需的培育池面积和水量。分筛不同规格鱼种操作情况见彩图 26。

鱼种分筛一般采用市场上销售的半圆形的竹鱼筛，也可采用自制的方形铁丝与塑料管鱼筛，也可制成与养殖池等宽的长方形筛拦在池中筛选。鱼筛的间隙与过筛鱼的规格可参照表 4-6。

表 4-5　不同水温条件下每 10 万尾虹鳟所需的培育池面积和水量

鱼规格	面积	密度	注水量（升/秒）			
（克）	（米²）	（尾/米²）	5℃	10℃	15℃	20℃
1	60	1 600	1	2	3	6
2	80	1 200	2	3	6	14
5	100	1 000	3	7	14	23
10	125	800	7	15	26	24
15	160	625	9	22	39	65
20	170	588	12	29	52	87

表 4-6　鱼筛间隙和筛出鱼的规格

鱼筛隙宽度（毫米）	4	5	6	7	8	10	12
筛出鱼规格（克）	0.7	1.4	2.5	4.0	6.0	12	20

（五）影响稚鱼成活率的因素

鲑鳟稚鱼培育成活率与苗种质量、饲料、水源、放养密度、管理水平等多种因素有关。相对而言，溪红点鲑、北极红点鲑等苗种培育成活率高一些，而哲罗鲑、大西洋鲑、细鳞鲑等由于苗种培育技术相对不成熟，其稚鱼培育成活率会低一些。表 4-7 为虹鳟正常情况下的苗种培育成活率。

表 4-7　不同规格虹鳟苗种培育成活率情况

平均体重（克）	培育数量	成活率或孵化率（%）
发眼卵	4 924 粒	100
0.33	4 208 尾	85.1
1.34	4 118 尾	83.3
2.24	4 104 尾	83.0
3.85	4 082 尾	82.6
6.69	3 794 尾	76.8

（续）

平均体重（克）	培育数量	成活率或孵化率（%）
10.8	3 572尾	72.3
33.7	3 507尾	71.0

（六）稚鱼的运输

鲑鳟稚鱼的运输方法与鲤科鱼类相似，通常采用双层塑料袋（50厘米×100厘米）充氧和鱼篓开放式运输的方式，与鲤科鱼等温水性鱼类运输方法不同的是要保持塑料袋和鱼篓的水温为10℃以下。用塑料袋运输充氧操作见彩图27。

1. 塑料袋充氧运输

体长规格在3厘米/尾以内的苗种通常采用塑料袋充氧运输，水温为10℃左右时，每袋装水7升，放入开食后1个月内的鱼苗700尾，然后充氧、扎紧袋口装进泡沫箱，泡沫箱内放入冻冰的矿泉水瓶，再把泡沫箱放进外包装纸箱，密封打包好即可进行运输。一般经24小时运输，稚鱼成活率可达90%以上。如果运输时间在12小时之内，每袋可装1 500～2 000尾。开食后2个月的鱼苗，每袋可装200～300尾。装运前应充氧密封好做24小时密度试验。

2. 开放式送氧运输

体长规格为3厘米/尾以上的苗种可以采用鱼篓开放式运输。若运输时间较长，需在鱼篓内添加冰块，以防运输途中水温升高。方法是：在汽车上置备一个和车厢大小和形状相差不大的帆布篓，篓的前方放置氧气瓶1～2个。送氧管使用直径为1.5厘米的软塑料管，可盘成圆圈状（直径1米左右），用绳索固定在一大小相同的钢盘圈上，使送氧管可以沉入篓底。在软塑料管圈的管壁上用针扎出大量的气孔，通过送氧管向鱼篓内不断输送氧气。每瓶氧气可使用10～12小时。

运输密度：体重50～70克/尾的鱼种，每吨水可放鱼1 000尾左右；体重 100～120 克/尾的鱼种，每吨水可放鱼 500～600 尾。水温 10～12℃，经 12 小时的运输，成活率可达 100%。

3. 封闭式活鱼车运输

有一种专门远距离运输商品鱼的封闭式活鱼运输车，是目前比较先进的活鱼运输工具，其运输效果好，但因造价高，增加了运输成本。车上安装液氧或氧气输送装置，输送液氧不仅提高了氧气的利用效率，还降低了水温，箱体为双层，内夹层有保温功能，因此可以高密度、长距离运输活鱼。一般运输体长要超过 5 厘米以上的鱼种。

不论用什么方法运输，启运前 24 小时内都要停止喂食，并作好必要的消毒防疫工作。

三、鱼种培育期

鱼种培育期是指鱼苗从 10～20 克/尾生长到 100～200 克/尾的阶段。鱼种期抢食能力和抗病能力均显著增强。鱼种培育的主要工作是调控水温、水量、正常投饲、及时分池和清洁等项工作。

1. 鱼种培育池

鱼池以水泥池为主，要便于清污和管理，鱼池面积为 5～30 米^2，水深以 0.5～0.7 米为宜，鱼池长：宽为（4～6）：1，鱼池不宜太长，鱼池两端设注、排水口，水口过水断面要占池宽的 3/4 以上。池底坡度 8%，打开排水闸门可以放干池水。排水闸门要设水位控制闸板、底排水闸板和拦鱼栅闸板。流水培育苗种见彩图 28。

2. 鱼种放养密度

鱼种放养密度由水源的供水流量、养殖水温和放养鱼种的规格来决定，在水温适宜的条件下，供水量越大，放养鱼种规格越小则放养密度也越大。表 4-8 为不同规格虹鳟鱼种在不同供水量和水温条件下的放养密度。苗种培育密度见彩图 29。

3. 水温和溶氧量

鱼种培育适宜的水温为 8～18℃，要求排水口的溶氧量不低于

6毫克/升。表4-9为不同规格虹鳟鱼种在不同水温条件下的耗氧量，仅供参考。

表4-8 不同规格虹鳟在不同水流量、水温条件下允许的放养密度

单位：尾/米²

水流量（升/秒）	水温（℃）	放养密度										
		40克	50克	60克	70克	80克	90克	100克	150克	200克	250克	300克
10	20	100	87	74	62	53	43	37	25	20	16	13
	15	160	140	120	100	87	75	63	47	37	28	19
	10	250	210	190	160	140	120	100	80	65	47	31
20	20	220	180	150	130	110	90	80	50	40	30	26
	15	340	290	250	220	180	160	130	100	77	58	39
	10	500	440	390	330	290	250	210	170	130	96	64
30	20	340	280	240	200	170	140	120	80	60	50	40
	15	520	440	380	330	280	240	200	150	120	90	60
	10	780	680	600	520	450	380	330	250	210	150	100

注：根据养殖场水流量、养殖水温条件及要放养鱼的规格，对照上表确定具体的放养密度。

表4-9 不同规格虹鳟鱼种在不同水温条件下的耗氧量

水温（℃）	耗氧量［毫克/（千克·小时）］						
	30克	35克	40克	50克	100克	150克	200克
6	153	150	148	146	136	126	116
7	170	165	162	160	146	138	126
8	189	182	180	178	158	150	148
9	214	208	205	197	176	167	160
10	245	235	230	220	200	185	177
11	278	270	268	258	228	211	202
12	298	290	285	278	251	231	219
13	318	312	308	300	270	255	241

（续）

水温（℃）	耗氧量［毫克/（千克·小时）］						
	30 克	35 克	40 克	50 克	100 克	150 克	200 克
14	335	328	322	315	285	268	260
15	355	348	340	333	305	286	276
16	375	367	362	354	325	309	296
17	400	392	385	371	345	325	316
18	425	415	410	400	362	345	335
19	442	435	430	416	380	360	350
20	470	460	450	440	400	380	365

4. 饲料投喂

饲料成本占养殖成本的 60％左右，投喂效率直接影响养殖效益。在水温、水质适宜的条件下，投喂效率取决于饲料的质量、规格、投饲率、每日投喂的次数、投喂技术及日常管理等，下面从几个方面分别介绍。

（1）饲料的选择　饲料是鲑鳟高密度养殖的关键，鱼类的营养来源主要依赖于其所摄食的人工饲料，饲料的质量决定了养殖鲑鳟的效益。鲑鳟对饲料蛋白质的需求量因蛋白源不同而不同，与低价的蛋白质源相比，少量的高价蛋白质源即可满足鲑鳟生长的需要。鱼粉是我们所熟知的、常用的高价蛋白质源，因此，必须在鲑鳟饲料中添加一定比例的鱼粉。

虹鳟鱼种的全价配合饲料营养成分为：粗蛋白质 40％～45％，粗脂肪 6％～16％，粗纤维 2％～5％，灰分 5％～13％，水分 8％左右，磷 0.8％，钙 0.2％，镁 0.1％，锌 150 克/吨，氯化钠 2％，另外，各种维生素含量应达到表 4-10 的数值。

表 4-10　每千克饲料中维生素的需求量

维生素名称	需求量
维生素 A（国际单位）	15 000
维生素 D_3（国际单位）	1 500
维生素 E（毫克）	30
维生素 K（毫克）	8
维生素 B_1（毫克）	20
维生素 B_2（毫克）	30
维生素 B_3（毫克）	180
维生素 B_5（毫克）	50
维生素 B_6（毫克）	20
维生素 B_{12}（毫克）	0.05
维生素 B_9（毫克）	10
生物素（毫克）	1.5
胆碱（毫克）	1 800
维生素 C（毫克）	500
肌醇（毫克）	1 000

（2）投喂量　进入鱼种阶段，鱼已完全可以主动摄食，此时应坚持定点、定时、定量投喂的原则。投喂时，在鱼群外围也要投喂少量的饲料，因为在鱼群外围的鱼种都是体质稍弱或规格较小，没有能力挤入鱼群的中央，若照顾不到这些鱼种，将会造成苗种规格相差过大或部分体质较弱鱼种的死亡，从而影响鱼种培育的成活率。投喂次数可以依据鱼种培育的水温和鱼种的规格来决定，一般情况下，小规格鱼种每天投喂 3～4 次，规格稍大后每天投喂 2 次即可。投喂量也要依据鱼种的规格和水温条件来决定。虹鳟鱼种不

同规格、不同水温条件下的日投饲率见表 4-3。

（3）饲料粒径规格 鲑鳟鱼种培育，饲料粒径的大小是决定投饲效率的关键因素，饲料粒径过大，鱼种吞食不了，造成饲料浪费，饲料粒径过小，鱼种摄食不足，影响苗种生长速度，同时造成饲料浪费。表 4-11 为不同规格虹鳟鱼种所需的饲料粒径。

表 4-11　不同规格虹鳟鱼种与饲料粒径的关系

饲料形态	粒径（毫米）	鱼体规格	
		体长（厘米）	体重（克）
颗粒	2.5	8.5～10	10～14
	3.0～5.0	10～15	14～40
	5.0～7.0	15～30	40～250
	8.0	>30	>250

5. 日常管理

在鱼种培育阶段，要注意以下几个方面：①坚持每日巡塘 1～2 次，观察鱼种摄食、活动情况，发现有离群独游个体要引起注意，发生鱼病要及时治疗。检查鱼池进、排口和池底污物的情况，及时清除堵塞的杂物，定期清除池底的残饵、粪便等沉淀物，保持水流通畅。②定期测量鱼种生长情况，及时对鱼种进行筛选、分池；及时调整饲料规格和投喂量。③针对不同季节进行管理。流水养殖情况下，在春季易出现水量减小现象，要及时调整养殖密度，防止鱼种缺氧。夏季养殖水温会逐渐升高，随着投喂量的增加，水体易出现缺氧现象，要及时增氧。秋季最适合鲑鳟生长，该阶段饲料投喂量要保证充足。冬季水温会降低，鱼摄食量也会减少，要及时调整投饲率。

6. 影响鱼种成活率的因素

鲑鳟鱼种培育成活率与苗种质量、饲料、水源、放养密度、管理水平等多种因素有关。大部分鲑鳟鱼种培育阶段的成活率要远高于稚鱼培育阶段，各品种间在鱼种培育阶段的成活率差异不明显。表 4-12 为正常条件下虹鳟鱼种培育成活率。

表 4-12 不同规格虹鳟鱼种培育成活率

平均体重（克）	成活率（％）
10.8	100
33.7	98.2
52.9	97.6
104	96.1
150	95.9
259	95.7

第二节　商品鱼养殖

商品鱼规格因地而异，在国内，根据大众的餐饮习惯，鲑鳟的食用规格和食用方式，各品种略有不同。例如，陆封型马苏大麻哈鱼、溪红点鲑、细鳞鲑一般为 300～400 克/尾；虹鳟、硬头鳟、金鳟、北极红点鲑、银鲑等为 500～750 克/尾；哲罗鲑为 1 500 克/尾以上。如果是制成生鱼片或工厂加工，养成规格则需要达到 1 500 克/尾以上，或者更大。商品鱼养殖要根据出池规格和时间制订生产计划。

由于流水养殖设备比较简单，养殖成本相对较低，目前，我国鲑鳟养殖主要是以流水高密度养殖模式为主，也有工厂化养殖和网箱养殖模式。

这里主要介绍流水养殖模式。

流水养殖是以无污染的江河、湖泊、水库、山区流水和深井水等为水源，通过机械提水或利用水位、地形的自然落差，保持鱼池水体的适宜流速和流量的开放式养殖方式。这种养殖方式具有占地面积小、集约化程度高、便于管理、投资成本低、水质优良、水体溶解氧丰富、鱼病少等优点，是我国目前较为普遍的鲑鳟养殖模式之一。成鱼养殖池见彩图 30，成鱼养殖情形见彩图 31。

一、养殖场址选择

建造流水养殖场，主要应考虑周围环境、地形、水源、水质、光照、通风、交通和电力配备等条件因素。同时还要考虑发生洪水、泥石流等自然灾害的可能性。

（一）周围环境

选择一处良好的流水养殖场址，交通要方便，水电要接到场，水源和周围生态条件良好，无污染源。

（二）场址的选择及平面布局

流水养殖场一般选择在小流域河堰、水库湾、有水电站尾水、山区流水水流较大的地方，水源要有一定水位差，地方开阔，方便施工。在河堰下游滩涂地修建流水养殖场，要与河道、行洪道有足够的距离，不能占用河床。场内布局要考虑注排水方便，利于日常生产运输，减少施工成本。鱼池布局最好利用天然地势，形成水流落差。

（三）水源与水质条件

流水养殖鲑鳟，主要依靠流水水源提供鱼类新陈代谢所必需的氧气，将养殖鱼产生的排泄物和残余饲料等带出养殖池，以保持良好的水环境。流水养殖场水源要满足下面几个条件。

1. 充沛的流水资源

对计划修建鱼池的地点，必须认真勘察，弄清水的流向、流量和历年水位、水量的变化规律及其他用水情况，保证长年用水量的需求。

2. 优良的水质

水质的好坏，直接影响鱼类的栖息、生长。无论利用什么水源进行流水养殖，都要求水源的水色要清净透明，色度低于30度，水中悬浮物小于1毫克/升，水中的化学物质含量要符合渔业用水相关水质标准，保证鲑鳟正常生长、发育、繁殖不同阶段的需要。同时要全面了解各个季节水源和水质的变化情况，从物理、化学、生物三个方面检测是否适合鱼类的养殖生长。

影响鲑鳟生长的水质因素很复杂，主要是水的 pH 和氨氮、亚硝酸盐、硝酸盐浓度。

(1) pH 　大部分鲑鳟对 pH 的耐受范围是 $5.5 \sim 9.2$，适宜范围是 $6.5 \sim 7.5$，酸性环境，特别是强酸性环境对鲑鳟会产生抑制生长的致害作用。

(2) **氨氮** 　养殖水体中氨氮大部分来源于养殖鱼类排放的粪便及投喂剩余的饲料残渣，氨氮指标也是衡量大部分鱼类养殖水体的一个重要指标。据报道，在水温 $16.7℃$ 条件下，鱼类每摄食 1 千克饲料，将排放 32 克氨氮；而在 $9.4℃$ 条件下，这一数值为 26 克。若投饲过量，剩余饲料在分解过程中产生的氨对鱼类的毒害作用远远超过鱼的代谢废物，这一点应引起高度重视。有关氨氮对鱼体产生危害的机理，一般认为对鱼体产生有害作用的是非离子氨，而非以离子形态存在的氨，非离子氨影响了血红蛋白对氧的吸收，即使养殖水体溶解氧充分，在氨氮的影响下，氧气亦很难被鱼体吸收利用而引发与缺氧状态相同的厌食症状。水体中非离子氨浓度与总氨的比率主要随 pH 和水温的增加而增大。因而即使总氨浓度不变，随着 pH 或水温的升高，水体中非离子氨浓度也会相应升高，从而加强水体毒性。同时非离子氨的毒性还会随着养殖水体溶氧量的降低及养殖水体中二氧化碳浓度的升高而增强。以虹鳟为例：虹鳟对氨氮的耐受浓度是 $0.012\,5$ 毫克/升，在流水池内，pH 7 左右时，耐受浓度可达 $0.05 \sim 0.6$ 毫克/升，溶氧量在 7 毫克/升以上，氨氮量达 $0.8 \sim 0.1$ 毫克/升时，6 周之内不会对虹鳟产生危害。在溶氧量为 5 毫克/升以下的水中，当氨氮量达 0.5 毫克/升以上时，虹鳟生长减慢，鳃易受损伤，甚至会导致肾、肝组织功能障碍。通常情况下，虹鳟成鱼在养殖过程中氨氮浓度为 $0.03 \sim 0.6$ 毫克/升，因此广大养殖户对该问题应引起足够的重视。关于养殖水体中非离子氨的测定，目前普遍采用奈氏法测出养殖水体的总氨氮含量，再结合养殖水体的 pH 和养殖水体的温度，计算出养殖水体的非离子氨所占总氨氮含量的百分数，从而计算出养殖水体非离子氨的含量。表 4-13 为养殖水体不同水温、不同 pH 条件下非离子氨所占总氨氮的百分数。

表 4-13　不同温度和 pH 条件下非离子氨占总氨的百分数

温度 （℃）	pH6.5	pH7.0	pH7.5	pH8.0	pH8.5	pH9.0
5	0.04	0.12	0.39	1.22	3.80	11.10
6	0.04	0.14	0.43	1.34	4.12	11.96
7	0.05	0.15	0.47	1.46	4.47	12.89
8	0.05	0.16	0.50	1.58	4.82	13.80
9	0.06	0.17	0.54	1.70	5.18	14.74
10	0.06	0.18	0.59	1.83	5.60	15.70
11	0.06	0.20	0.64	2.10	6.05	16.91
12	0.07	0.22	0.68	2.13	6.40	17.90
13	0.07	0.24	0.74	2.30	6.92	19.04
14	0.08	0.25	0.80	2.48	7.45	20.30
15	0.09	0.27	0.85	2.65	8.00	21.50
16	0.09	0.29	0.92	2.85	8.25	22.75
17	0.10	0.32	0.98	3.08	9.12	24.10
18	0.10	0.34	1.06	3.28	9.68	25.30
19	0.12	0.37	1.15	3.32	10.40	26.85
20	0.13	0.40	1.24	3.54	11.20	28.60
21	0.13	0.42	1.32	4.10	11.90	29.90
22	0.14	0.46	1.42	4.39	12.70	31.20
23	0.16	0.49	1.53	4.70	13.50	33.00
24	0.17	0.53	1.63	5.03	14.40	34.60
25	0.18	0.57	1.73	5.38	15.30	36.50

（3）硝酸盐和亚硝酸盐　养殖水体中大部分硝酸盐和亚硝酸盐

是硝化细菌对养殖水体中的氨氮进行硝化作用产生的。在虹鳟养殖过程中，硝酸盐的安全数值为 370 毫克/升，为保证虹鳟的正常生长，建议最好将其浓度控制在 25～35 毫克/升。亚硝酸盐是硝化作用的中间产物，对鱼类有极强的毒性作用，主要是抑制血液的载氧能力。研究资料表明，养殖水体亚硝酸盐含量升高，鱼病发生频率也相应上升。水体中亚硝酸盐的含量取决于氨氮的总量及水中溶解氧含量和硝化细菌的浓度。当养殖水体中溶解氧不足时，硝化作用不彻底，亚硝酸盐含量迅速升高，对鱼类产生极大毒害作用。据报道，体重为 4.5 克/尾的虹鳟稚鱼对亚硝酸态氮的 24 小时半致死浓度为 1.6 毫克/升，体重为 100 克/尾的虹鳟鱼种在亚硝酸态氮浓度达 0.55 毫克/升时，21 小时之内有死鱼出现，因此，认为虹鳟对亚硝酸态氮的安全浓度为 0.03 毫克/升。

3. 适宜的水温

鱼类是变温动物，体温随周围水体的温度而变化，水温直接影响鱼类新陈代谢的速率。水温过低造成鱼类活动迟缓，生长速度缓慢，摄食量减弱。

鲑鳟养殖水域温度要求夏季不超过 22℃，最高不超过 24℃，冬季不结冰或短期内结冰。鲑鳟在合适的温度范围内，随着水温的升高生长速度逐渐加快，温差达到 10℃ 的水体，鱼种的生长速度相差可达 2～3 倍，准确地说，鲑鳟体重的增长速度与养殖水体的累积温度成正比。如果养殖水体的水温适宜，稚鱼开口后 7 个月左右体重可达 100～150 克。相反，水温越高，水体中溶氧量会越低，当水温达到 22℃ 时，水中的溶氧量会降到 5～6 毫克/升，这时水环境会出现水温偏高和溶氧量偏低两个不利因素，鱼体代谢强度和饵料效率都会降低。水温 18℃ 以下，正常的放养密度内，鱼的生长一般不会受到水温和溶氧量的影响。

4. 充足的溶氧量

鲑鳟喜栖息于高溶氧量的水域，水体中溶氧量低于一定的数值时，轻者会引起鱼类浮头，导致鱼类的应激反应，严重时将直接导致养殖鱼类缺氧死亡。如果水体中溶氧量略高于导致鱼类浮头的溶氧量，虽然不会直接导致鱼类死亡，仍会导致鱼类摄食量降低，从而导致鱼类体质下降，阻碍鱼类生长，影响投饲效率。以虹鳟为例，虹鳟溶氧量安全临界值为 3.15 毫克/升，长期在低氧环境下饲育的鱼，其安全临界值降为 2.45 毫克/升左右。溶氧量低于 5 毫克/升时，虹鳟呼吸频率加快，溶氧量低于 4 毫克/升时鱼的游动迟缓。如果鱼在入水口处群集浮头，说明水中溶氧量可能已降到了 3 毫克/升以下，这时鱼的生命已经受到了威胁。虹鳟的耗氧量随水温、水质和其他刺激因素等环境条件的影响而发生变化，也随鱼体的规格、水流速度、摄食量的变化而变化。耗氧量与养殖水体的水温成正比关系，水温提高 10℃，虹鳟的耗氧量将增加 2～3 倍，虹鳟稚鱼的耗氧量比成鱼高 2～3 倍。光照刺激将增加耗氧量 20%～30%，振动刺激将增加耗氧量 40%～50%，温差刺激将增加 30%～70% 的耗氧量，综合刺激最大时将增加 2 倍的耗氧量。当虹鳟空腹时其耗氧量最少，摄食后耗氧量将增加 1.2～2 倍。

5. 混浊度

水质的混浊度也是影响鲑鳟生长的重要因素。混浊的水质会妨碍鱼的视力，影响鱼的呼吸，进而影响摄食和生长。

二、养殖池的建造

(一) 建造要求

养殖池必须具备进、排水和排污的功能，一般进、排水口都应尽量加大过水断面。进水口一般建成喇叭形，通过进水闸口进鱼池时水呈扇状，要有一定的落差，让水跌入鱼池，以增加养殖池水的溶解氧含量。

排水口一般也作为排污口，排水时最好能排净底部水，这样有利于污物的排出。排水口一般设计为：第一道是拦鱼栅；第二道是顶部挡水板，水从底部流出；第三道是水位控制闸板。这种方式比较合理，也有的只放一道拦鱼栅，一道闸板，这种方法不利于排污。

（二）养殖池建造方法

养殖池一般用石块或砌砖墙，用水泥抹面建造而成。养殖池要求不渗漏、水流畅通，没有死角，饲养管理方便和便于捕捞。鱼池的排列有并联和串联两种，最好是采取并联和串联相结合的方式，既提高了水的利用率，又不影响养殖效益，串联池最多不超过三级，否则下一级池的水容易缺氧和被污染。鱼池的形状有圆形、六角形、长方形等，长方形池较为实用。鱼池长：宽一般为1：（5～8）。养殖池底要有坡度，前、后池要有落差，水可自行流入和排出。一般情况下成鱼养殖池面积在 $100～200$ 米^2，池深 $0.8～1.0$ 米，水深 $60～80$ 厘米，池底坡降为 0.8%。

（三）建池面积的计算方法

鱼池面积的计算方法有2种。下面以单位面积生产量的计算方法来举例说明。

1. 根据水流量与池水交换率计算

水体交换律是指养殖池水中1小时交换的次数，可用下面公式计算：

$$R=F/(S×H)$$
$$S=F/(H×R)$$

式中：R——1小时水交换率；

F——水流量（米^3/小时）；

S——鱼池面积（米^2）；

H——养殖水深（米）。

2. 根据单位面积年生产量计算

$$S=F×P_f/P_y$$

式中：S——鱼池面积（米^2）；

F——单位水流量（升/秒）；

P_f——单位流量年鱼产量（千克/升）；

P_y——单位面积年鱼产量（千克/米^2）。

例如，根据目前的生产水平，一般在水流量为 1 升/秒情况下，单位面积年产量为 30 千克/米^2，假设流水养殖单位流量年产量为 200 千克/升，在水流量为 100 升/秒时，养殖池面积的计算方法为：

鱼池面积（米^2）＝100 升×200 千克/升÷30 千克/米^2＝667 米^2。

三、鱼种放养

鱼的放养密度受水源的水量、水温、溶氧量、鱼的耗氧量和代谢产物积累等多种因素的制约。水量主要作用是为养殖水体提供氧气和对水体有害物质的稀释，而水体溶氧量又与养殖水体的温度有关，因此水量、水温和养殖水体溶氧量是决定放养密度的三大因素。水体溶氧量低而放养密度过高，鱼的生长将受到限制。通常在一年的生长期中，年生产量为放养量的 3.5～5.0 倍，在养殖条件允许的条件下，放养量和生产量成正比。所以，要实现预定年产量，放养量必须达到生产目标的 20％～30％。根据每个养殖场的不同情况，依据生产计划决定投放鱼种的规格和数量。

鱼种放养前需进行鱼体消毒，常用药物有：高锰酸钾 10～20 毫克/升药浴 10～30 分钟；10～20 毫克/升漂白粉（含有效氯 30％）药浴 10～30 分钟；0.3％～0.4％的氯化钠溶液浸泡 10 分钟。鱼体消毒时应注意一次药浴量不要太多，以免造成缺氧。药浴时间根据水温、水质、鱼体规格适当调整。药浴前先进行小量试验，确保安全。药浴时不要使用金属容器。药液现用现配，只能使用一次。

虹鳟体长与体重的关系见表 4-14。

表 4-14　虹鳟全长与体重的关系

全长（厘米）	体重（克）	全长（厘米）	体重（克）
2.50	0.20	5.00	1.40
3.00	0.30	5.50	2.00
3.50	0.50	6.00	2.50
4.00	0.70	6.50	3.00
4.50	1.10	7.00	4.00

（续）

全长（厘米）	体重（克）	全长（厘米）	体重（克）
7.50	5.00	25.00	195.00
8.00	6.00	26.00	225.00
8.50	7.50	27.00	250.00
9.00	9.00	28.00	280.00
10.00	12.00	29.00	315.00
11.00	15.00	30.00	360.00
12.00	19.00	31.00	400.00
13.00	25.00	32.00	450.00
14.00	32.00	33.00	500.00
15.00	40.00	35.00	600.00
16.00	50.00	36.00	650.00
17.00	60.00	37.00	710.00
18.00	70.00	38.00	770.00
19.00	80.00	39.00	830.00
20.00	90.00	40.00	900.00
21.00	110.00	45.00	1 300.00
22.00	130.00	50.00	1 700.00
23.00	150.00	55.00	2 300.00
24.00	175.00	60.00	3 000.00

四、饲养管理

（一）水流量

注水率是指每一个养殖池的注水情况，在合理的放养密度范围内，养殖池的注水率在10％～15％时即可获得最好的养殖效果，注水率的计算方法如下：

注水率＝注水量（升/秒）÷饲养鱼重量（千克）×100％

例如，一个40米^{2}的养殖池，放养1 000千克鱼，该养殖池的注水量为150升/秒，则注水率为150升/秒÷1 000千克×100％＝15％。

当注水率过小时，会造成养殖池缺氧状态，需通过增氧改善养殖池溶解氧状况，使养殖池排水口的溶氧量达到 5 毫克/升以上。在其他养殖条件相同的情况下，通常增氧的养殖池比不增氧的养殖池增产 3～5 倍。我国目前在流水养殖池内大多采用罗茨鼓风机进行增氧。

（二）饲料质量与投饲量

饲料的质量和投饲量直接影响鲑鳟的生长速度。饲料营养价值高，则鱼生长速度快。据报道，用酪蛋白养殖虹鳟，饲料蛋白质含量为 30% 时，虹鳟体重基本不增加；当酪蛋白含量达到 66% 以上时，虹鳟体重增长速度则直线上升；若饲料中缺乏蛋氨酸、赖氨酸、色氨酸时，虹鳟的生长速度明显减慢，尤以蛋氨酸缺乏时最为明显。饲料质量及投饲量的效果可通过饲料效率表现出来，饲料效率是单位饲料投喂量的增肉率，是对饲料增肉性能的评价，饲料效率同时随着养殖环境和养殖技术水平的不同而变化。养殖水体溶氧量低于限度值、饲养密度高于限度值或投喂量过多、过少时均可使饲料效率下降，正常情况下用于成鱼的配合饲料效率为 60%～80%。我国目前除虹鳟外，还没有专门针对其他品种的鲑鳟饲料，其他鲑鳟成鱼养殖均采用虹鳟饲料投喂，各生产厂家由于加工工艺、饲料配方及所采购的原料不同，其产品质量也不相同，从而造成所养殖成鱼所需的饵料系数相差悬殊，总体上鲑鳟成鱼养殖的饲料系数在 1.1～1.7。表 4-15 为颗粒饲料的评定指标。

表 4-15 颗粒饲料评定项目及指标

评定项目	性状或标准
外观	颗粒呈圆柱形，表面色泽均匀
气味	无发霉气味和其他气味
色泽	新鲜
含水量	不超过 45%

（续）

评定项目	性状或标准
颗粒饲料直径	标准
膨胀系数	不超过 20 分钟
粗蛋白质	40%～45%
过氧化物	不超过 0.3%
脂肪含量	每千克饲料不超过 70 毫克
金属微粒	每千克饲料不超过 25 毫克
病害传染源	无

（三）日常管理

①坚持每日巡塘，并对各养殖池的水质、溶解氧、摄食及鱼种死亡情况、鱼种活动情况进行详细记录。②定时检查进、排水闸门和养殖池的清污工作。检查网眼是否堵塞，若发现有堵塞要及时刷洗。同时，在不逃鱼和保证水流畅通的前提下，根据养殖鱼的规格适时调整网眼规格。③及时进行分池。放养时，将规格相近的鱼种放入同一养殖池中，饲养一段时间后，特别是在放养密度较大的情况下，鱼体规格会分化得非常严重，此时应及时按相同规格分池进行饲养，这样既有利于留在养殖池内的鱼快速增长，使鱼池在接近饱和密度的情况下保持生产潜力而不至于超负荷运转，又有利于提高鲑鳟养殖的经济效益。④正常情况下每天投喂 2 次，投饲量可参照鱼种培育投饲表，并要结合天气状况和鱼种的摄食状态灵活调整投喂量。

第五章　鲑鳟病害防治技术

一、病毒病

（一）传染性造血器官坏死病

传染性造血器官坏死病（infectious hematopoietic necrosis，IHN）是一种重要的冷水鱼病毒病。世界动物卫生组织（OIE）将其列为必须申报的动物疫病；2008 年 11 月农业部发布的《一、二、三类动物疫病病种名录》中，IHN 被列为二类动物疫病；2011 年的《鱼类产地检疫规程（试行）》中，农业部也将其列入产地检疫对象疫病；该病还被列入国家动物疫情监测计划。

1. 病原

传染性造血器官坏死病病毒（infectious hematopoietic necrosis virus，IHNV），属弹状病毒科（Rhabdoviridae），粒外弹状病毒属（*Novirhabdovirus*）。

2. 临床症状

一般认为眼球凸出和拖假便是该病的典型特征。感染病毒的鱼体表变黑，鳃苍白，有腹水，腹部肿胀，眼凸出，体表和体内出血。剖开鱼腹，出现贫血现象，肠道内缺乏食物；肝、肾和脾苍白。各内脏器官和体腔间隙有腹水和瘀斑。另外，稚鱼、幼鱼体侧以线状或 V 字形出血为特征，疫情过后幸存的鱼有脊柱弯曲。但需要注意的是，并非每一尾感染该病毒的鱼都会同时出现以上症状，有时病鱼会表现出一些并不典型的临床症状，这主要与水温及鱼年龄有关。感染 IHNV 后存活下来的鱼会对该病毒产生免疫保护反应。

组织病理学结果可见造血组织、肾、脾、肝、胰腺和消化道变性坏死。

3. 流行情况

20世纪40、50年代该病首次在美国华盛顿州和俄勒冈州的孵化场暴发，后传到欧洲、日本等地区；1992年，德国科学家首次从虹鳟中分离到该病毒。在我国，IHN于1985年进入东北境内，并在辽宁本溪大规模暴发，死亡率近100%，目前我国主要虹鳟、金鳟养殖区域有该病流行。

IHN的易感种类为包括虹鳟在内的鲑科鱼类，此外还包括非鲑科鱼类（太平洋鲱、鳕、高首鲟、白斑狗鱼、河鲈、管吻刺鱼、牙鲆等）。

4. 传播途径

与成鱼相比，幼鱼更易感IHNV，且年龄越小越易感染，三个月龄内鱼较易发病并大量死亡，尤其是1月龄内鱼苗死亡情况更为严重。该病累计死亡率可达到90%～95%或更多。一些养殖者为规避风险，常购买平均重量大于20克/尾的幼鱼，即5～6月龄鱼，这种规格的鱼种由于IHNV感染而造成的死亡率会较低。

水温是影响IHNV感染的最重要的环境因子，自然感染状态下，水温在8～15℃时，大多数鱼苗能够表现出典型的临床症状。水温低于10℃时，潜伏期延长，病情呈慢性；水温高于10℃时病情较急，但死亡率低；当水温超过15℃后，一般不出现自然发病。

病毒在稚鱼和幼鱼之间的水平传播是最主要的传播方式，主要通过接触被病毒污染的水、食物、带毒鱼排泄的尿、粪便等而感染。携带病毒亲鱼产下的卵和精液可垂直传播病毒，由卵传播概率更大。大多数成年鱼并不发病，但是起着携带病毒并扩散病毒的作用。IHNV在很多地方流行就是由于鱼和卵的运输造成的。

5. 检测诊断技术

国标《鱼类检疫方法 第2部分：传染性造血器官坏死病毒（IHNV）》（GB/T 15805.2—2008）规定，采用EPC或FHM细胞分离IHNV，细胞出现病变后采用PCR技术扩增IHNV的N基因。

6. 防控措施

截至目前还没有有效治疗IHNV的商品化药物。

目前主要是通过严格的检疫制度和避免接触病原以达到预防 IHN 的目的。

对于已经发生该病的地区其防控建议采取以下措施：①制作抗 IHNV 疫苗，免疫亲鱼，消除或降低亲鱼体内病毒含量。还可以给亲鱼投喂非特异性免疫增强剂。②对受精卵消毒。所有的卵，先用清水清洗 1 遍，去除卵表面蛋白质等。采用聚维酮碘消毒鱼卵 20～30 分钟。如聚维酮碘含量为 10%，则需要配置成浓度 1 000 毫克/升使用。目前市场上销售聚维酮碘的厂家较多，需要购置正规厂家生产的合格药品，防止使用假药。消毒液颜色变浅或消毒多批卵以上，需要更换消毒液。在孵化过程中及时收集卵壳（卵壳上可能带有病毒），对其消毒后方可丢弃。③使用无病毒水进行鱼苗的孵化和饲养，如上游有发病渔场，需要对来水进行消毒处理，建议使用紫外灯照射处理。需要注意：紫外灯消毒处理时需要水流较缓；并且水质要求较清，否则会影响消毒效果。④对养殖器具严格消毒后方可使用。⑤建立严格的生产管理制度，孵化区严禁进入与孵化生产无关的鱼、工具等。⑥每个池工具专用，并及时消毒。⑦应急管理。发现鱼有发病迹象，及时捞出消毒处理，处理地点远离养殖用水。

（二）传染性胰脏坏死病

1. 病原

传染性胰脏坏死病（infectious pancreatic necrosis，IPN）的病原为传染性胰脏坏死病毒（infectious pancreas necrosis virus，IPNV）。根据抗原性的差异，可将其分为多个亚型，在自然条件下 IPNV-Sp 株的毒力较强，我国主要以 IPNV-Sp 株为主。

2. 临床症状

病程：分为急性和慢性型；潜伏期长短与鱼种的大小、水温关系密切。

急性型：病鱼运动失调，常作垂直回转游动，随即下沉池底，1～2 小时后死亡。

亚急性型：体色发黑，眼凸出，腹部膨大，皮肤和鳍条出血，肛门处有线状黏液便。消化道内无食，充满乳白色或淡黄色黏液。

3. 流行情况

该病最早于 1941 年在北美发现，1960 年证实其病原为 IPNV。目前除澳大利亚和新西兰外，其他各产鱼国均有发现，是最重要的鱼病之一。我国多地养殖的虹鳟中也发生了此病。主要发生于鱼类人工养殖场。

病毒主要危害鲑科鱼类，3 月龄以内的虹鳟最为易感。这种病毒有非常广泛的感染谱，目前已发现本病毒感染的动物至少有 1 种环口动物、37 种硬骨鱼、6 种贝类、2 种蜗牛及 3 种虾。该病毒不仅能感染淡水鱼，也能感染咸水鱼；除冷水鱼外，在 30℃ 高温生长的日本鳗鲡及泥鳅也发现被感染。

成年鲑科鱼类感染后常无症状，成为带毒者，终身排毒。非鲑科鱼类及贝类可能作为病毒储主，但从它们体内所分离到的毒株对虹鳟等不致病。

4. 传播途径

发病温度 8～16℃，10～14℃是发病高峰。病毒经水平和垂直途径传播，潜伏期短，典型者只需 3～5 天。发病率和死亡率与很多因素有关，条件恶劣时可达 100%。

5. 检测诊断技术

采用细胞（RTG-2、PG、RI、CHSE-21）分离病毒后，中和试验或 ELISA 鉴定。

6. 防控措施

同传染性造血器官坏死病。

二、细菌性疾病

（一）疖疮病

1. 病原

杀鲑气单胞菌（*Aeromonas salmonicida*），革兰氏阴性杆菌，大小为（0.8～1.2）微米×（1.5～2.0）微米。

2. 临床症状

病鱼离群独游，活动缓慢。体色发黑，在鱼体躯干部，通常在背鳍基部两侧的肌肉组织上出现数个小范围的红肿脓疮向外隆起，柔软浮肿。隆起处逐渐出血坏死，溃烂而形成溃疡口。肠道充血发炎，肾脏软化、肿大呈淡红色或暗红色。肝脏退色，脂肪增多。有时无外部症状，仅肝脏、脂肪组织出现点状出血。

一般分为以下三种类型。

急性型：鱼尚无外部症状就迅速死亡。

亚急性型：病情发展较慢，在躯干肌肉形成疖疮。有外部症状，陆续死亡。

慢性型：病鱼长期处于带菌状态。无症状也不死亡。

3. 流行情况

鲑科鱼类以及青鱼、草鱼、鲤、团头鲂等易发病，成鱼比鱼种更敏感。

4. 传播途径

鱼体受伤后通过接触感染。鲑科鱼类疖疮病，可经鳃、皮肤和口感染。

5. 检测诊断技术

可以采用血琼脂或胰蛋白胨大豆琼脂培养基分离细菌，然后用生化方法鉴定。

6. 防控措施

预防：防止鱼体机械性损伤；杀灭水中鱼体外寄生虫；投喂五倍子、三黄粉、生物制剂等提高鱼体免疫力；使用新鲜大蒜汁定期浸泡鱼种。

控制：病鱼内服抗菌药，需要药敏试验筛选敏感药物种类和使用剂量，同时对水体进行消毒。

（二）细菌性烂鳃病

1. 病原

柱状黄杆菌。

2. 临床症状

病鱼不活泼，离群，聚集在水流平缓的鱼池壁以及池角，摄食停止或严重降低。外观上出现体色变黑等异常现象。由于鳃大量分泌黏液，鳃盖有开启的倾向。随病情发展鱼的死亡数急增，并出现鳃小片融合、鳃丝的棍棒化现象。由于这些病变使鳃功能发生障碍，妨碍呼吸，导致重症的鱼死亡。典型症状是鳃丝腐烂。

3. 流行情况

该病主要发生于虹鳟、江鲑、银鲑、樱鳟、大麻哈鱼等鱼类的幼鱼。虹鳟高温时（18℃以上的河川水）易发生。

4. 检测诊断技术

用噬细菌琼脂培养基进行分离培养（15～20℃，5天）时形成圆形、淡黄色、半透明的微小菌落。

5. 防控措施

预防：发生该病与高密度养殖、饲养水含氧量过低、氨浓度过高以及过量投放饵料有关。在良好的饲养环境下养鱼可预防本病。

控制：同疖疮病。

（三）柱状病

1. 病原

柱状黄杆菌。

2. 临床症状

由于病原菌在有氧环境下繁殖，故患病时在鳃、体表、吻、尾柄、鳍会形成病灶。由于病原菌能产生强力分解蛋白质的蛋白酶，故患部的组织发生糜烂、崩解、坏死以及缺损等病变。因此表现症状为鳃腐烂、鳍腐烂、尾腐烂以及吻腐烂等现象。

3. 流行情况

该病通常发生于鳗鲡、鲤等温水鱼类。在高水温时虹鳟、香鱼也能发生本病，在夏季使用水温18℃以上的河川水养殖虹鳟也会发生该病。

4. 检测诊断技术

同细菌性烂鳃病。

5. 防控措施

同疖疮病。

（四）肠性红嘴病、鲑鳟血点病

1. 病原

耶尔森菌。

2. 临床症状

由于皮下出血导致吻及咽喉发红，外部症状表现为颚及颌发红或溃烂。体色变黑，鳍基充血，两侧眼球外凸，活动迟缓，食欲下降或绝食，肌肉、体内脂肪及消化道出血，有时消化道积黄色液体，肾脏及脾脏微肿。

3. 流行情况

主要危害体长为7.5厘米以下的鱼体，体长为7.5厘米以上鱼发病率低。该病流行水温为15～18℃，体内脂肪含量多及受应激的鱼易发病，死亡率一般为20%～35%。

4. 检测诊断技术

从具有典型症状的鱼体分离病原菌（普通培养基，22℃，24小时培养），进行鉴定。

5. 防控措施

同疖疮病。

（五）弧菌病

1. 病原

革兰氏阴性、具有运动性的短杆菌，血清型为J-O-1（A）、J-O-3（C）的鳗弧菌（*Vibrio anguillarum*）以及J-O-1（A）的病海弧菌（*Vibrio ordalii*）感染所致。

2. 临床症状

多数患病鱼游泳不活泼，在排水口周边浮游。外观上体色变黑，眼球凸出、发红。鳍基部、体侧部、肛门处有发红、扩张等症状。剖检时见有肠管卡他性炎症、肝脏有出血斑和脾脏肿大等特征性病变。

3. 流行情况

除虹鳟外，银鲑、江鲑、大麻哈鱼等鱼类也发生该病。从幼鱼到成鱼阶段均可发生此病，尤其是 100 克/尾左右的虹鳟更易发。虽然本病全年发生，但在水温 15～18℃以上的初夏至秋天有易发病倾向。

4. 检测诊断技术

根据鱼的典型症状，分离培养细菌后，生化鉴定。

5. 防控措施

预防：避免由于过度密集饲养等因素造成的应激反应。

控制：控制措施同疖疮病。

（六）链球菌病

1. 病原

革兰氏阳性的链球菌，在血液平板上有 β 溶血，属于海豚链球菌。

2. 临床症状

病鱼的主要外部症状为腹部膨胀以及出血、肛门扩张，鳍基部发红、出血以及眼球凸出。内部的病变特征为肠管炎症、脾脏及腹腔内壁出血等。

3. 流行情况

感染虹鳟、江鲑、银鲑等，高温易发。

4. 防控措施

预防：避免过度投放饵料和饲养密度过高。

控制：控制措施同疖疮病。

（七）细菌性肾病（BKD）

1. 病原

鲑肾杆菌（*Renibacterium salmoninarum*），该菌形态多为双

杆状，其生长的适宜温度为 15～18℃，氧化酶反应阴性，不分解明胶。分离培养该菌极为困难，需用含有胱氨酸的特殊培养基。

2. 临床症状

病鱼外观可见腹部膨胀，体色变黑，眼球周围出血或凸出等症状。特征性的病变表现于肾脏，剖检病鱼时看到肾脏肿大（特别是后肾），在其表面有白色的点状至斑状病变。病灶组织坏死。患部的涂抹标本可观察到大量的革兰氏阳性杆菌。该病为慢性疾病，银鲑在淡水饲养期间被感染，海水养殖开始后发病增多。

3. 流行情况

目前国内尚未发现该病，需要严密监测防范。

4. 防控措施

虽然部分病原菌能侵入卵内，但对于引入的鱼卵期用碘剂消毒是必不可少的。一旦发生该病，治疗极其困难，没有有效的治疗药物和疫苗。

三、真菌病

主要感染水霉病。

1. 病原

常见的是水霉属（*Saprolegnia*）和绵霉属（*Achlya*）。寄生于鲑鳟的水霉约有 20 种，包括寄生水霉（*Saprolegnia parasitica*）、异丝水霉（*S. diclina*）、多子水霉（*S. ferax*）、澳大利亚水霉（*S. australis*）等。

2. 临床症状

在鱼体受伤处，霉菌的幼孢子侵入，向内、外生长，深入肌肉蔓延扩展，向外生长成棉毛状菌丝，俗称"白毛病"。菌丝与伤口处细胞组织缠绕黏附，致使组织坏死。由于霉菌能分泌大量蛋白质分解酶，鱼体受到刺激后分泌大量黏液，病鱼开始焦躁不安，食欲减退，行动迟缓，久而久之身体瘦弱而死。在鱼卵孵化过程中，死卵或表面有损伤的卵易寄生水霉菌，并长出菌丝侵害周围健康的卵，可引起鱼卵大批死亡。

3. 流行情况

水霉营腐生生活，受伤的鱼易感染，而健康的鱼不易感染。主要危害鱼卵、幼鱼和产后亲鱼，在水温15℃以下季节发生，以晚冬和早春季节最为流行，水霉的繁殖水温为13～18℃。

4. 防控措施

鱼池和孵化设施要用生石灰或含氯药物彻底消毒。操作时尽量勿使鱼体受伤，并注意越冬鱼种密度不宜过高。全池泼洒氯化钠与碳酸氢钠合剂（1∶1），使池水浓度为8克/米³。成鱼或亲鱼患病，可用0.02%福尔马林浸洗30分钟。用3%～4%的氯化钠溶液浸洗病鱼5分钟，或用0.5%～0.6%的氯化钠溶液浸洗病鱼1小时。

四、寄生虫病

（一）小瓜虫病

1. 病原

病原为多子小瓜虫（*Ichthyophthiriasis multifiliis*）。小瓜虫幼虫一般呈长圆形，前端除有一根特别粗而长的尾毛外，全身长有长短一致的纤毛。成虫身体成球形或近似球形，全身长着均匀的纤毛，有一个马蹄形的大核。

2. 临床症状

多子小瓜虫寄生于鱼体表、口腔、眼球和鳃。寄生于眼球，可使眼球混浊和发白。侵入鱼的皮肤和鳃组织后，以寄主组织作营养，引起组织增生和发炎并产生大量的黏液，形成肉眼可见的小白点，故又名白点病。严重时体表似覆盖一层白色薄膜，鳞片脱落，鳍条裂开，腐烂。鳃上黏液增多，鳃小片破坏，影响呼吸。病鱼反应迟钝，游于水面，不久即死亡。

3. 流行情况

主要危害稚鱼阶段的鲑科鱼类，常引起急性死亡。该病流行广，是一种危害较大的纤毛虫病，发病水温在10℃以上。小瓜虫的繁殖适温为15～25℃。当水质恶劣、养殖密度高和鱼体抵抗力低时，易暴发小瓜虫病。小瓜虫病借助胞囊及幼虫传播。

4. 防控措施

鱼池要用生石灰彻底消毒，以杀死小瓜虫胞囊。发病鱼池，每667米^2（水深为 1 米）用辣椒粉 210 克，生姜干片 100 克，煎成25 千克药水，全池泼洒，每天 1 次，连泼 2 天。用 5％的氯化钠溶液洗 1 分钟，或 1％溶液洗 1 小时，效果良好。

（二）车轮虫病

1. 病原

车轮属（*Trichodina* spp.）或小车轮属（*Trichodinella* spp.）的寄生虫。车轮虫侧面观像毡帽，身体隆起的一面叫口面，与口面相对的一面叫反口面。反口面形似圆碟，有一个特别显著的齿环。虫体离开寄主自由游动时，一般反口面朝前，像车轮般转动。

2. 临床症状

鱼体少量寄生时，没有明显症状；严重感染时，可引起寄生处黏液增多，鱼苗、鱼种游动缓慢，呼吸困难，在池底、池角集群，食欲减退，不久即死亡。

3. 流行情况

车轮虫以危害鲑类幼鱼为主，主要寄生于鳃、体表及鳍，大量寄生时可引起幼鱼死亡。1 龄以上的大鱼虽有寄生，但一般危害不大。车轮虫在水中可生活 1～2 天，通过直接与鱼体接触而感染，可随水、水中生物及工具等传播。

4. 防控措施

用 1％氯化钠溶液浸洗病鱼 1 小时，或 3％浓度浸洗 30 分钟，或 5％溶液浸洗 1 分钟。治疗时用浓度为 0.7 毫克/升硫酸铜和硫酸亚铁（5∶2）合剂全池泼洒。

（三）三代虫病

1. 病原

寄生于鲑科鱼类的三代虫有三个种：鲑秀丽三代虫（*Gyrodac*

tylus elegansalmonis）、褐鳟三代虫（*G. truttae*）和细鳞鱼三代虫（*G. lenoki* Gussve，1953）。三代虫有 1 对头器，没有眼点，后固着器有 1 对中央大钩、8 对边缘小钩。胎生，一般为三代同体，故叫三代虫。

2. 临床症状

三代虫寄生于虹鳟、硬头鳟、白点鲑等的体表、鳍、口、头部和鳃，用锚钩和边缘小钩钩住表皮组织，损伤表皮和鳃组织，使鱼极度不安。大量寄生时，病鱼的皮肤上出现一层灰色的黏液，鱼体失去光泽，游动极不正常。食欲减退，鱼体消瘦，呼吸困难。

3. 流行情况

美国、日本和挪威等国均有三代虫病的流行报道。我国黑龙江、四川、北京、辽宁和甘肃都有虹鳟三代虫病的发生，主要危害饲养鱼类的仔鱼、稚鱼。其繁殖适宜水温为 20℃左右。每年春季和夏初为流行季节。有文献报道，在苏格兰海水养殖的大西洋鲑鳃上发现 *Gyrodactyloides bychowskii* 感染，强度为每个鳃片上高达 200 多只虫，在 1999 年 2 月流行达到高峰，至 6 月降为零。

4. 防控措施

用浓度为 1～3 克/米^3 的晶体敌百虫（90%）浸泡鱼体 20～30 分钟，或用浓度为 20～25 克/米^3 的高锰酸钾浸洗鱼体 15～30 分钟，或用 1/4 000 的福尔马林溶液消毒 1 小时。王昭明等于 1997 年报道，1/2 000 福尔马林药浴 10～15 分钟的灭虫效果比 1/4 000 药浴 60 分钟的灭虫效果好。

第六章　鲑鳟养殖实例

一、北京流水苗种培育模式

北京泉通鲑鳟鱼养殖有限公司延庆玉渡山冷水鱼实验基地建成于 2000 年，是国家淡水渔业工程技术研究中心和北京市水产科学研究所的科研基地，位于北京延庆县张山营镇玉渡山自然风景区内。

（一）基本信息

基地占地面积约 4.7 万米^2，有养殖水面 1 900 米^{2}和 200 米^{2}的孵化车间一个，养殖用水为海坨山的山泉水，水温长年保持在 8～14℃。采用流水养殖方式进行虹鳟、金鳟、硬头鳟、哲罗鲑、溪红点鲑、银鲑、北极红点鲑等鲑鳟的苗种培育。

（二）放养与收获

2013 年在本基地对硬头鳟、北极红点鲑、哲罗鲑进行苗种培育，放养及收获情况见表 6-1。

表 6-1　苗种的放养与收获

养殖品种	培育面积（米^2）	放养			收获		
		时间	规格	放养密度（尾/米^2）	时间	规格	产量
硬头鳟	50	2013年2月5日	开口仔鱼	5 000	2013年4月5日	3～4厘米/尾	20 万尾
北极红点鲑	260	2013年7月8日	8 克/尾	200	2013年10月20日	48克/尾	2 000千克
硬头鳟	310	2013年7月10日	10 克/尾	200	2013年10月25日	60 克/尾	3 000千克
哲罗鲑	30	2013年5月20日	开口仔鱼	5 000	2013年6月28日	3～4厘米/尾	12万尾

（三）养殖效益

下面以培育 1 万粒硬头鳟发眼卵至 3 克稚鱼培育为例介绍养殖效益。

1. 成本

发眼卵费用为 0.5 万元（购买 10 000 粒发眼卵，单价为 0.5 元/粒）；饲料费用为 0.192 万元；渔药费用为 0.02 万元，人工及电费为 0.17 万元，设备折旧及其他费用为 0.15 万元。总成本为 1.032 万元。

2. 产值

鱼苗成活率为 80％，成活 8 000 尾鱼苗，预计 3 克/尾的苗种销售价格为 2 元/尾，产值为 1.6 万元。

3. 利润

销售利润为 0.568 万元。

（四）经验和心得

1. 养殖技术要点

①苗种培育期间，尤其是苗种体长为 3 厘米/尾以前，要尽量投喂质量好的饲料，饲料质量的好坏对苗种成活率产生较大的影响。同时，要尽量增加投喂次数，早晨提前一些，下午拖后一些，使苗种普遍能吃到饲料，从而提高苗种培育的成活率。每次饲料的投喂量不要太多，如果稚鱼吃得过饱，容易造成消化不良，甚至可能造成身体内分泌机能紊乱，引起鱼苗发病。②苗种培育至一定阶段要及时分池，降低苗种培育密度，减少弱苗现象的发生，同时可加快苗种的生长速度。如果条件许可，每隔一周分池 1 次，这样有助于苗种增强体质，从而提高苗种培育的成活率。③苗种培育期间，每隔一周进行 1 次消毒，及时开展病害防治。

2. 养殖特点

①要注意投入品存放库房的卫生，尤其是饲料库房，如出现卫

生条件不达标，会直接影响到饲料的质量。②苗种放养前一定要检查池塘的硬件设备，发现问题要及时解决，避免在养殖期间由于设备问题造成重大损失。③池塘周边环境要保持整洁，发现死鱼要及时捞出并处理。④养殖户要结合养殖场自身的养殖条件决定苗种放养的数量及养殖产量，如养殖场水温较低，水量较大，可自行适当加大放养密度，并适当降低投饲率。这样做虽然可能减缓了成鱼上市时间，但并不会降低养殖产量。

（五）上市和营销

鲑鳟由于其自身不耐高温、不耐运输的特点，在北京市的销售方式主要以垂钓并结合旅游开发为主，在海鲜批发市场上及超市里则很少看到，因此成鱼的销售时间基本上与旅游季节一致，即每年的 5—10 月是成鱼的销售旺季。

苗种的销售主要分为以下三种形式。

1. 销售发眼卵

由于部分养殖户具备了苗种培育的技术，可以进行发眼卵孵化至苗种培育，这样可以降低苗种运输的成本及苗种运输带来的养殖风险，最主要的是能降低成鱼养殖的苗种成本。

2. 3 厘米左右的鱼苗驯化成的苗种

3 厘米左右的鱼苗已经可以集中摄食，前期的畸形苗已经被淘汰，从该阶段开始培育，苗种培育的成活率比较稳定，并且该阶段的鱼苗价格、运输成本也相对较低，有苗种培育池的养殖户一般从该阶段开始购进苗种开始养殖。

3. 购进大规格苗种进行成鱼养殖

主要是小规模的养殖场，没有苗种培育池或苗种培育技术，或者补放苗种。从 10～20 克/尾规格的鱼种养成成鱼的优势是苗种成活率稳定，养殖风险较小，缺点为购进大规格苗种，苗种的成本增高，会影响养殖效益。

二、北京流水商品鱼养殖

（一）基本信息

北京卧佛山庄养殖有限公司，位于北京市怀柔区渤海镇田仙峪村，占地约 3.3 万米^2，养殖面积约 6667 米^2，采用山泉流水养殖虹鳟。

（二）放养与收获

放养与收获情况见表 6-2。

表 6-2　放养与收获情况

养殖品种	放养			收获		
	时间	规格（克/尾）	放养密度（尾/米^2）	时间	规格（千克/尾）	每 667 米^{2}产量（千克）
虹鳟	2014 年 1 月 1 日	10	33	2014 年 10 月 1 日	1	5 000

（三）养殖效益

养殖经济效益情况分析见表 6-3。

表 6-3　经济效益分析情况

摘要		年销售量	单价	合计（万元）	备注
收入	虹鳟	5 万千克	34 元/千克	170	
支出	饲料费	80 吨	10 000 元/吨	80	水是山泉水，没有费用；其他费用包括一些生产性开支
	人工费			15	
	电费			5	
	其他			30	
利润				40	

（四）经验和心得

1. 养殖技术要点

①虹鳟养殖要保证三个基本条件：充足的溶解氧，适合的水温（10～20℃）和清洁的水质。虹鳟对溶解氧要求较高，一般水中的溶氧量不低于 6 毫克/升。溶氧量过低会导致鱼缺氧窒息死亡。虹鳟属于冷水鱼，对高温的耐受性较差，温度高于 20℃就会影响虹鳟摄食，甚至死亡；虹鳟对水质要求也比较严格，水中的悬浮物颗粒太多会影响虹鳟的呼吸，导致发病和死亡。②选好优质的、无病害的种苗和优质的饲料。③虹鳟成鱼养殖有流水、网箱和工厂化养殖等模式，目前山区较为常见的是流水养殖模式。养殖池依山而建，利用水流落差增加水体中的溶解氧。

2. 养殖特点

虹鳟养殖是周期较长、投资风险大、回报率较高的产业。虹鳟养殖户首先要在当地进行周密细致的调研工作，包括当地的水源、适合养殖的品种和饮食偏好等方面，做好投资周期和资金预算。

同时要充分利用当地的资源优势，联合多方面的力量，充分发挥各个层级的协同作用，邀请当地农业相关部门支持，争取多方合作和参股。具有一定的规模才能有较高的经济效益。

3. 风险防范

虹鳟养殖过程中会遇到自然灾害、人为灾害和疾病等风险。在控制自然灾害方面首先要多关注天气变化，未雨绸缪，提前做好准备工作，特别是旱季和汛期来临之际，一定要做好防洪、防旱应急预案，同时鱼池也要做好相关的防洪防逃措施，确保人身和财产安全。

人为因素在养殖过程中也很关键，要搞好和邻里关系，同时安装视频监控，以防止意外发生。虹鳟应激性强，在长途运输和拉网过程中都可能出现死亡。在长途运输前，一定要做好运鱼前的准备工作，首先要停止喂食几天，需要通过充氧和降温等措施确保长途运输鱼的安全。在高温季节或是养殖密度大的养殖水体中要采取提前降温、增氧等措施。

疾病防控也很关键，要以预防为主，治疗为辅。首先要做好苗种放养前的消毒工作，同时也要注意养殖区域的卫生。及时销毁病鱼，防止传染病的发生，要做到定期清池消毒。养殖初期尽量采用低密度、大流量养殖模式，调节好水质，减少鱼病发生。

三、甘肃省秦州区虹鳟流水池塘养殖技术

（一）基本信息

养殖户葛彦琴，在甘肃省天水市秦州区金海湾休闲山庄养殖虹鳟。秦州区金海湾休闲山庄始建于 2010 年，是集虹鳟养殖、休闲垂钓、体验、观光、美食、水族观赏等为一体的休闲山庄和渔业基地。山庄占地面积 5 400 米^2，其中虹鳟孵化室 1 处 100 米^2；培育池 7 个，面积 700 米^2；四大家鱼垂钓池 1 个，占地 1 500 米^2；大型休闲餐饮包厢及雅座、凉亭 1 000 米^2。养殖水源为当地的地下截流水，水质清澈无污染，水温终年保持在 9～17℃，经甘肃省内渔业专家考证，该养殖基地水源水质、水温达到虹鳟孵化、养殖的最佳条件。

（二）放养与收获

虹鳟的放养与收获情况见表 6-4。

表 6-4　虹鳟的放养与收获

养殖品种	放养			收获		
	时间	规格	每 667 米^2 放养量（万尾）	时间	规格（千克/尾）	每 667 米^2 产量（千克）
虹鳟	2013 年 12 月 21 日	稚鱼苗	2	2014 年 7 月 2 日	0.6～1	10 000

（三）养殖效益

1. 成本

包括池塘承包费 3 万元，苗种费 3 万元，饲料费为 10.5 万元，

渔药费 0.2 万元，人工费 2 万元，水电费 1 万元，养殖过程中发生的直接或间接费用 1 万元，根据当年上市销售情况，核算出总产值和利润。总成本为 20.7 万元。

2. 总产值

生产 10 000 千克商品鱼，售价为 36 元/千克，产值为 36 万元。

3. 利润

总利润为 15.3 万元。

（四）经验和心得

1. 养殖技术要点

（1）池塘条件　选择水泥池塘，水源充足，流水流量 0.3 米³/秒，水温 10～18℃。

（2）鱼种放养　放养前对流水池塘用生石灰或漂白粉彻底清塘，严格消毒，做好防逃设施，苗种投放前用福尔马林溶液药浴消毒。

（3）鱼种的驯养　经驯化形成集中摄食的习惯，驯化时要细致耐心，诱导每尾鱼都能吃到饲料。根据水温高低、鱼种规格大小，制定日投饲率及投饲次数。

（4）成鱼养殖　一方面抓好水质调节，保证水质清新无污物，另一方面及时挑选，将规格不同的鱼分开饲养，以防大鱼争食，影响小鱼生长。

（5）饲料投喂　选择全价配合饲料（北京汉业牌），进行人工定时、定量投喂。在生长的不同阶段选择不同配方的饲料，鱼苗阶段以全价进口料或鱼粉、蚕茧、牲畜肝脏等加工成粒径为 0.3～0.4 毫米的碎粒状饲料，规格达到 15 克/尾以上时可以投喂软颗粒饲料，饲料以动物性蛋白质为主，蛋白质含量为 60%～80%。成鱼饲料主要营养成分为：蛋白质 40%～50%，脂肪 6%～10%，碳水化合物 20%～30%，纤维素 3%～5%，矿物质和维生素适量。

（6）日常管理　每 3 天清污 1 次，每个月用生石灰挂袋进行食场消毒。病害防治以防为主，做到生态预防、营养预防和药物预防三结合。在苗种入塘前做好池塘的消毒清污工作及苗种的药浴消毒工作。

2. 养殖特点

养殖水源为当地的地下截流水，水质清澈无污染，水温终年保持在 9～17℃，可以全年养殖。养殖场占地面积小，易管理，单产高，效益好，产品品质好。

(五) 上市和营销

依托金海湾虹鳟养殖基地，发展休闲娱乐的主题，通过休闲垂钓、餐饮，就地销售，取得显著的经济效益。下一步，在促进秦州高效渔业的同时，将致力于打造具有传统休闲娱乐的主题，适应城乡居民日益增长的休闲消费需求，充分发挥和依托城郊示范园带动作用，并将农业休闲种植融入其中，成立的合作社计划将示范推广山地果蔬、山地养殖产业。山庄打造标准化果树园艺、水产养殖、餐饮娱乐为一体的大型休闲娱乐场所。将带动当地养殖户冷水鱼养殖业，成为秦州区休闲渔业领跑者，最大限度地满足不同类型、不同阶层居民的消费要求，使消费者在回顾传统农业的同时，品味和享受美好休闲的生活。

四、甘肃省刘家峡水库网箱虹鳟养殖

(一) 基本信息

养殖户刘贞良，是甘肃省临夏州永靖县岘塬镇刘家村农民，进行虹鳟鱼网箱养殖已有 3 年的时间，养殖经验丰富。近年来，水库网箱养殖在甘肃刘家峡水库发展迅速，短短两年的时间，养殖规模由原来的约 1.3 万米^2 发展到现在的超过 6 万米^2，养殖效益显著。

(二) 放养与收获

2012 年 3 月 10 日，购进虹鳟苗 3 万尾进行人工饲养。随着个体逐渐长大适当调整网箱规格及放养密度。放养与收获情况见表6-5。

表6-5　虹鳟的放养与收获情况

放养时间	放养规格（克/尾）	密度（尾/米²）	商品鱼规格（克/尾）	数量（万尾）	产量（万千克）	销售价格（元/千克）	总收入（万元）
2012年3月10日	5～15	200	400～750	2.7	1.62	25	40.5

（三）养殖效益

1. 养殖产量

2012年12月25日开始出售，收获商品鱼1.62万千克，平均尾重600克，个别鱼尾重达到750克。

2. 经济效益

商品鱼平均售价25元/千克（网箱边价格），总收入40.5万元，生产成本25万元。其中鱼种费用4万元，饲料费14.5万元、渔药费0.5万元，人员工资5万元，其他费用1万元。不含一次性固定资产投入成本，总利润15.5万元。

（四）经验和心得

1. 养殖技术

（1）**网箱设置**　在水库、湖泊等水环境适宜的地区设置网箱框架。网箱体积为6～216米³，网箱吃水深度为1.5～6.0米，箱底与水底距离应大于0.5米。网目①尺寸10～30毫米，盖网网目尺寸15～20毫米。

（2）**鱼种放养**　选择体色鲜艳，体格健壮，鳞、鳍完整，无病

---

① 筛网有多种形式、多种材料和多种形状的网眼。网目是正方形网眼筛网规格的度量，一般是每2.54厘米中有多少个网眼，名称有目（英国）、号（美国）等，且各国标准也不一，为非法定计量单位。孔径大小与网材有关，不同材料的筛网，相同目数网眼孔径大小有差别。——编者注

无伤，无畸形，规格整齐的甘肃金鳟鱼种放养。规格为 2～5 克/尾，放养密度为 100～200 尾/米³；放养时间一般为每年的 4 月初，水库水温为 8～10℃。投放鱼种 2～3 天后开始投喂。

(3) 饲料投喂　选用鳟鱼专用饲料投喂。规格为 2.0～20 克/尾时，需要粗蛋白质含量为 48％；规格为 20～100 克/尾时，需要粗蛋白质含量 44％；规格 100 克/尾以上时，需要粗蛋白质含量 38％。饲料粒径依据鱼的大小而调整，应与鱼的口径大小相适应，鱼种在 2.5～50.0 克/尾时，一般采用 1.5 毫米、2.0 毫米、3.0 毫米和 3.5 毫米粒径的饲料；当鱼规格在 50 克/尾以上时，可投喂粒径为 4.0～5.0 毫米的饲料。鱼种每天投喂 4 次，成鱼每天投喂 2 次。实行定质、定量、定时、定点的投饵方法。

(4) 日常管理　养殖过程中要保持网箱干净，以加快网箱内外水体的交换，便于鱼正常生长。鱼种阶段规格 2.0～50 克/尾，在 2.0 米×2.0 米×1.5 米或 3.0 米×6.0 米×2.5 米小网箱中养殖；成鱼养殖阶段，即规格为 50～500 克/尾，在 6 米×6 米×6 米的大网箱中养殖。要经常检查网衣是否漏洞，一旦发现，及时补好，定期刷洗网箱，除去附着物，在大风或洪水季节应加强巡查，做好记录。平时作好生产记录，包括鱼种放养密度、饲料投喂、鱼类生长及鱼病情况、出箱情况等。

(5) 鱼病防治技术　坚持"以防为主、健康管理"原则。从正规苗种生产场引进苗种，防止传染病。鱼种入箱前用 3％～5％的氯化钠溶液浸泡 10～15 分钟；饲养过程中要在饲料中加入大蒜素（10％）预防肠炎等疾病，或用诺氟沙星拌饲料治疗肠炎病；用聚维酮碘防治烂鳃病；定期用聚维酮碘泼洒消毒。

2. 心得体会

①坚持每天巡箱，认真观察养殖鱼类的摄食及活动情况，根据鱼体的大小及时调整投喂量和饲料粒径。随时调整投饲量。同时建立养殖日志，详细记录水温、饲料投喂量和病害情况等。若发现异常现象则要分析原因，及时采取补救措施。②要经常洗刷网箱上的附着物，防止网眼堵塞，保持网箱内外水体交换畅通。及时清除污

物和死鱼，保持良好的养殖环境。③定期检查网箱的完好情况，看有无破网和逃鱼，发现破损应及时修补，同时，定期检查绳索强度，锚绳是否牢固，保证养殖安全。④及时筛选分箱饲养，随着养殖鱼类规格逐渐增大，生长参差不齐，应每隔 10～15 天筛选一次，将不同规格的鱼分箱饲养，利于规格较小的个体正常摄食。

（五）上市和营销

刘家峡网箱养殖的虹鳟鱼主要销往省内各大水产品市场，但近年虹鳟产量高，销售价格开始下滑，严重影响了养殖户的经济效益和养殖热情，经济效益不明显。

参 考 文 献

杜佳垠.1983. 银大麻哈鱼及其养殖概况.海洋渔业（5）：10-28.

范兆廷，姜作发，韩英.2008. 冷水性鱼类养殖学.北京：中国农业出版社.

纪锋，王炳谦，孙大江，等.2012. 我国冷水性鱼类产业现状及发展趋势探讨.水产学杂志，25（3）：63-68.

刘雄，孙美杰.1998. 我国虹鳟及其他鲑科鱼类的养殖.黑龙江水产（4）：20-23.

毛洪顺.2010. 鲑鳟、鲟鱼健康养殖实用新技术.北京：海洋出版社：214.

缪圣赐.2010.2007—2009 年世界鲑鳟鱼的总产量.现代渔业信息，25（9）：34-35.

牟振波，李永发，徐革锋，等.2011. 细鳞鱼摄食和生长最适水温的研究.水产学杂志，24（4）：6-8.

尼科里斯基.1958. 黑龙江流域鱼类.北京：科学出版社.

吐尔逊，蔡林钢，郭焱，等.2004. 赛里木湖高白鲑繁殖生物学特性研究.水产学杂志，17（2）：26-31.

谢杭，单华.2005. 七彩鱼的养殖.特种养殖（6）：82.

徐伟.2007. 哲罗鱼全人工繁育的初步研究.中国水产科学，14（6）：896-902.

Jnsson B，Svavarsson E. 2000. Connection between egg size and early mortality in Arctic charr, *Salvelinus alpinus*. Aquaculture，187：315-317.

Nadir, Ibrahim. 2004. The early development of brook trout *Salvelinus fontinalis* (Mitchill)：survival and growth rates of alevins. Turkish Journal of Veterinary & Animal Sciences，28（2）：297-301.

Springate J R C, Bromage N R. 1985. Effect of egg size on early growth and survival in rainbow trout (Salmo gairdneri R.). Aquaculture，47：163-172.

彩图1　陆封型马苏大麻哈鱼
彩图2　虹鳟
彩图3　金鳟
彩图4　硬头鳟

彩图5　北极红点鲑
彩图6　北极红点鲑人工采卵
彩图7　北极红点鲑人工授精
彩图8　溪红点鲑雌性亲鱼

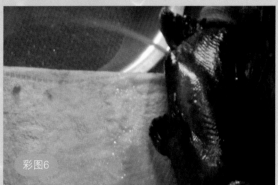

彩图9　溪红点鲑雄性亲鱼
彩图10　银鲑
彩图11　哲罗鲑雌性亲鱼
彩图12　哲罗鲑雄性亲鱼

彩图13

彩图14

彩图15

彩图13　成熟的细鳞鲑
彩图14　细鳞鲑雌性亲鱼
彩图15　细鳞鲑雄性亲鱼
彩图16　高白鲑成鱼

彩图16

彩图17 用格筛将亲鱼驱
赶至池塘的一端
彩图18 细鳞鲑雌性亲鱼
成熟度检查
彩图19 细鳞鲑采用乙醚
麻醉
彩图20 虹鳟亲鱼空气采卵

彩图21

彩图22

彩图23

彩图24

彩图25

彩图26

彩图27

彩图25　鲑鳟稚鱼培育
彩图26　筛分不同规格的苗种
彩图27　鲑鳟运输塑料袋的充
　　　　氧操作

彩图28

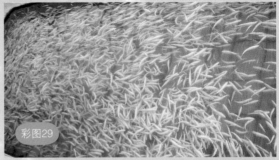

彩图29

彩图30

彩图31